国家电网公司
电力科技著作出版项目

公共信息模型（CIM）
建模及其应用

李　伟　　曹　阳　　陶洪铸　　米为民
李晓露　　王康元　　梁成辉　　周文俊　　著

中国电力出版社
CHINA ELECTRIC POWER PRESS

内 容 提 要

为满足电网调度自动化系统研发人员和使用者对公共信息模型（CIM）的理解及指导 CIM 应用的需求，著者编写了本书。

本专著分为六章，包括概述、UML 介绍、基于 UML 的公共信息模型、CIM 信息交换格式、CIM 数据服务框架、CIM 互操作及应用案例分析。

本书可供从事电网调度控制、电力市场交易、配电自动化、大型新能源接入和监控、分布式能源接入和监控相关专业的运营、管理和开发等技术人员学习和参考使用。

图书在版编目（CIP）数据

公共信息模型（CIM）建模及其应用 / 李伟等著. —北京：中国电力出版社，2023.3
ISBN 978-7-5198-7230-4

Ⅰ. ①公… Ⅱ. ①李… Ⅲ. ①电力系统调度–调度自动化系统–系统建模 Ⅳ. ①TM734

中国版本图书馆 CIP 数据核字（2022）第 217207 号

出版发行：中国电力出版社
地　　址：北京市东城区北京站西街 19 号（邮政编码 100005）
网　　址：http://www.cepp.sgcc.com.cn
责任编辑：罗　艳（010-63412315）　高　芬　邓慧都　马　青
责任校对：黄　蓓　常燕昆
装帧设计：张俊霞
责任印制：石　雷

印　　刷：三河市万龙印装有限公司
版　　次：2023 年 3 月第一版
印　　次：2023 年 3 月北京第一次印刷
开　　本：710 毫米×1000 毫米　16 开本
印　　张：15.75
字　　数：271 千字
印　　数：0001—1000 册
定　　价：108.00 元

前言
PREFACE

　　电网调度自动化系统是电力系统运行与控制的重要基础设施，实现了电力系统的数据处理、运行监视和分析控制，是电网安全、经济运行的神经中枢，已成为电网运行控制不可或缺的重要技术手段。我国电网调度自动化系统的发展经历了起步、四大网（华北、华东、华中、东北网调）引进、消化、全面自主研发、创新引领等阶段，"源端维护、统一建模"一直是实现电网一体化运行和调度业务协同的基础。2000 年以来，我国电网调度自动化系统进入全面自主研发阶段，遵循 IEC 61970 是其重要技术特征。

　　公共信息模型（CIM）是以面向对象的方式描述电力系统各领域对象的抽象模型。它由 IEC TC 57 WG13、WG14 和 WG16 三个工作组共同维护。经过几十年的持续发展和完善，基于多次互操作测试的成果，CIM 从原先面向电力系统运行控制领域逐步扩展到电力系统规划、建设、运营等诸多领域，可以满足电力系统调度控制中心大部分应用需要。同时，CIM 也在不断引入新的内容，处于持续的修订、发展之中。为满足电网调度自动化系统的研发人员及使用者系统地了解 CIM 并开展应用建模的需求，全国电力系统管理及其信息交换标委会（SAC/TC 82）电网调度控制工作组组织编写了《公共信息模型（CIM）建模及其应用》。

　　电网调度控制工作组对口 IEC TC 57 WG13 工作组，负责 IEC 61970 在国内的转化工作，并长期组织电网调度控制专业方向国际标准、国家标准、行业标准的制定和基于 CIM 的互操作测试。工作组成员来自国家电网公司各级电力调度控制中心、南方电网公司各级电力调度控制中心、中国电力科学研究院、南瑞集团有限公司、北京四方继保自动化股份有限公司、东方电子股份有限公司、积成电子股份有限公司、清华大学、浙江大学、山东大学、华北电力大学、上海电力大学等长期从事电力自动化技术和产品研发的单位。电网调度控制工作组牵头开展了智能电网调度控制系统技术标准体系、电力调度控制云技术标准体系建设和 IEC 61970 国际标准向国家标准的转化工作。电网调度控制工作组依托国家电网公司电力调度控制中心和南方电网公司电力调度控制中心组织国内多家科研单位和系统研发厂家开展 CIM 的互操作测试，加深对 IEC 61970 CIM 在电力系统自动化领域的理解，对提高我国电网调度自动化技术水平起到了十分重要的推动作用。

随着实现"碳达峰、碳中和"目标和能源战略转型的提出，需要构建适应新能源占比逐渐提高的新型电力系统，依托坚强智能电网为枢纽平台，实现"源网荷储"互动及多能互补支撑，因此对电网调度自动化系统提出了新的挑战。风电、光伏等新能源大规模接入电网和"源网荷储"供需互动，以新能源为主体和灵活、自治的分布式能源为辅的运行调控市场化，大量新型的设备和装置不断涌现，这对于电网设备静态模型、动态模型、仿真模型、电力市场交易模型和营配调一体化模型的建设也提出更新、更复杂的需求。

电网调度控制工作组认为建立满足以上需求的"物理分布、逻辑统一"全新架构的新一代大电网调度控制技术体系，更需要深入、全面、系统地了解 CIM。本专著是电网调度控制工作组全体专家集体智慧的结晶，系统、全面地阐述了 CIM 的概念模型、应用场景、标准体系、技术框架和应用案例。本专著分为六章，第一章概述，介绍 CIM 的基本概念及在电网信息交换标准体系中的定位；第二章 UML 介绍，介绍 CIM 采用的统一建模语言 UML；第三章基于 UML 的公共信息模型，介绍基于 UML 的信息模型架构和建模方法；第四章 CIM 信息交换格式，介绍采用 RDF/XML、CIM/E 和 CIM/G 的信息交换和存储格式及其特点；第五章 CIM 数据服务框架，介绍组件接口框架及当前使用的系统集成架构；第六章 CIM 互操作及应用案例分析，介绍国内外互操作案例和 CIM 应用案例。本专著可供从事电网调度控制、电力市场交易、配电自动化、大型新能源、分布式能源接入和消纳相关专业运营、管理和开发等技术人员学习和参考。

陶洪铸、周华锋、刘金波负责本专著的总体结构，王康元、陶洪铸、周华锋、张亮、张勇编写第一章，周文俊、郭凌旭、刘金波、蒋正威、徐遐龄编写第二章，李晓露、刘涛、陈郑平编写第三章，李伟、米为民、程芸、黄海腾编写第四章，梁成辉、刘延乐、金鑫编写第五章，曹阳、米为民、潘毅、周华锋、张代新、郭凌旭编写第六章，李伟负责统稿。

本专著的出版得到了国家电网公司电力科技著作出版基金资助，并获得国家市场监督管理总局标准化科技项目《智能调度领域国际标准研究》（201310231）、江苏省市场监督管理局标准化科技项目《新能源产业战略性新兴产业标准化试点》（20174627）支持，在此表示衷心的感谢。

由于著者水平和时间的局限性，书中内容难免存在疏漏和不足之处，敬请各位专家和读者批评指正。

著　者

2022 年 11 月

目录
CONTENTS

前言

第一章

概　述

第一节　电力系统信息建模与公共信息模型

自 20 世纪 70 年代以来，信息科学发展迅速，人们开始采用崭新的信息科学方法论来研究高级事物的复杂行为，以物质和能量为中心的传统科学逐渐让位于以物质、能量和信息为中心的现代科学。信息理论是信息科学的基础理论，它从概率论出发，通过科学定量的研究，阐明信息获取、传递、处理、再生、施效、优化和认知等各过程的机制和基本规律。目前，信息理论已经突破了最初的通信范畴而成为一门基础科学，为各学科领域的高级智能信息过程的研究提供普遍性的方法和理论指导，并已经在生命科学、分析化学、机械学、物理学、医学、经济学等学科中得到广泛应用，取得了丰硕的研究成果。

随着信息科学的崛起和信息技术的快速发展，电力系统也逐渐向信息化转变。电力系统信息化沿着元件—局部—子系统（岛）—管理系统的道路发展。理论发展可以分为三个阶段：20 世纪 60 年代之前处于经典理论阶段；20 世纪 70 年代注入了控制论，形成了以计算机为基础的现代理论阶段；20 世纪 90 年代以后注入经济理论，从而进入电力市场理论阶段。21 世纪以来，随着新能源的快速接入，电能生产、传输和使用方式发生了变化，电力系统的作用和运行方式也发生了重大改变。消费者对电力服务拥有越来越多的选择权和控制力，消费者可以拥有或租赁发电系统（如光伏、太阳能、热能、风能和生物质能），并且使用储能技术来决定何时、如何使用电能以节约成本。电力系统中相应的信息系统也面临着前所未有的复杂性，图 1-1 为一个发电、输电、配电、用电、市场、运行、服务提供商这几个领域内部及领域之间底层通信路径的例子，而这仅仅是真实电网中实际系统信息交换的一个侧面。大规模新能源发电具有间歇性、随机性和波动性，给电力系统平衡调节和灵活运行带来重大挑战，高比例新能源、高比例电力电子装备广泛接入，电力系统的稳定特性、安全控制和生产模式都将发生根本性改变。这将影响现有的电网设备、调度和电力市场本身的运作。新能源接入和并网需要电力系统平衡其波动性，在不同阶段需要越来越多的电力市场成员及各职能机构之间进行无缝、高效的信息交换。这样的信息交换已经成为电力规划、电力系统调度以及电力市场中不可或缺的一部分。

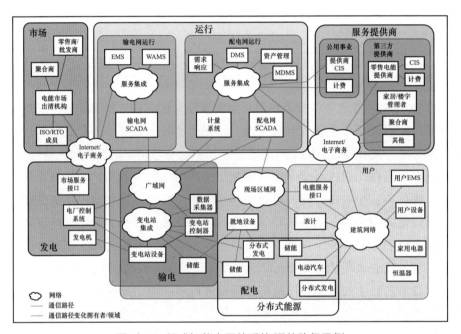

图 1-1　组成智能电网的系统/通信路径示例

EMS—能量管理系统（Energy Management System）；ISO—独立系统调度运营商（Independent System Operator）；RTO—区域输电组织（Regional Transmission Organization）；SCADA—监视与数据采集（Supervisory Control and Data Acquisition）；DMS—配网管理系统（Distribution Management System）；WAMS—广域测量系统（Wide Area Measurement System）；MDMS—计量数据管理系统（Metering Data Management System）；CIS—用户信息系统（Customer Information System）

在电网规模快速增长和模式快速变换的背景下，电力系统中的信息处理技术还相对落后并存在一些问题。首先，信息采集缺乏整体规划和优化，造成重复采集和重复投资；其次，信息的利用过于简单，一般的控制系统和信息系统往往只利用一个或少数的几个量，或局限于某一区域的量，导致边缘问题出现和控制决策偏差；最后，越来越多的电力应用系统各自孤立发展，没有整体布局，形成越来越多的信息孤岛和复杂冗余的接口网。

公共信息模型（Common Information Model，CIM）正是为解决这些问题而提出的。CIM 是一个抽象模型，用来描述电力企业的主要对象，特别是与电力运行相关的对象。通过提供一种用对象类和属性及它们之间的关系来表示电力系统资源的标准方法，CIM 旨在方便实现不同厂商独立开发的应用集成，例如发电或配电管理系统之间的集成。CIM 通过定义一种基于 CIM 的公共语言（即语义）为集成提供便利，使得这些应用或系统能够不依赖于信息的内部表示来访问公共数据和交换信息。CIM 的使用远远超出它在 EMS 中应用的范围，只要该领域需要公共电力系统模型，CIM 可以理解为可在任何领域实行集成的工具，使得应用和系统之间能够实现互操作和兼容性，并与任何具体实现无关。

最初 CIM 规范化模型的建立是为了实现 EMS 到 EMS 的网络模型导入与导出，避免专有的数据格式使 EMS 系统之间的数据交换变得复杂。该模型也可以用来交换网络分析中的电力系统数据，如功率、拓扑处理和状态估计等。这些数据子集合被称为子集。北美电力可靠性委员会率先提出并定义了求解潮流问题所应包含数据的子集需求，由此得到了被称为公共电力系统模型（Common Power System Model，CPSM）的第一个子集，电力公司和互联电网可以使用该子集来生成更多、更精确的模型以提高电网的可靠性。一旦定义了子集中的数据内容，下一步就是确定在数据文件中使用的数据格式。规范的 CIM 支持网络分析应用中既可以使用详细的节点–开关模型，也可以使用母线—支路模型。网络模型有很多的对象类型（例如，断路器、隔离开关、量测和电压等级）以及它们之间的关联。在交换文件中可以通过引用或者在引用处包含引用数据的方法来表示这些关联。一般情况下采用资源描述框架（Resource Definition Frame，RDF）、可扩展标记语言（Extensible Markup Language，XML）、电网通用模型描述规范（CIM/E）数据交换格式。这可以满足数据交换格式的所有行业要求，并避免了 XML 模式描述（XML Schema Definition，XSD）带来的弊端。CPSM 子集已经演变为支持多种网络分析应用以及网络相关数据的标准子集，并被广泛接受。其对应的配电部分——公共配电电力系统模型（Common Distribution Power System Model，CDPSM）已经发展为一组支持配电及不对称网络分析应用的子集。

尽管基础 CIM 模型满足了网络分析研究的需求，但在配电业务领域的业务流程不太依赖网络分析模型，需要支持各种企业系统之间的数据交换。CIM 模型开始超出网络分析的范围来支持配电领域的其他数据交换，包括 DMS、停电管理系统（Outage Management System，OMS）、地理信息系统（Geography Information System，GIS）、工作管理系统（Work Management System，WMS）、CIS、MDMS 以及各种配电网络规划应用。随着行业变得更加开放，基础 CIM 模型持续开发以支持市场管理系统和其他外部系统（如企业资源规划）。集成上述系统时，指定什么数据进行交换以及如何交换是很重要的。

这种扩展还在进行当中，并将继续延伸。目前，CIM 正在增加扩展支持市场中的需求响应以及环境数据。批发和零售市场的定义以及用户侧资源的管理也利用了电力市场的业务流程以及输电和配电模型。在欧盟，共同能源市场的采用、可再生能源发电的增加以及二氧化碳排放量的减少推动了 CIM 的加速使用。当欧洲输电系统运营商联盟（European Network of Transmission System Operators，ENTSO－E）开始在其公共电网模型交换标准（Common Grid Model Exchange Standard，CGMES）中使用 CIM 时，就是在 CIM 扩展道路上迈出了新的一步。

经过几十年的发展完善，以及在北美、欧洲和中国等电网调度控制系统中的实际应用，CIM 模型从面向 EMS 信息建模逐步扩展为对电力系统所有公共对象建模，并逐步发展成为配电、电力市场、储能、新能源（风电和太阳能）集中监控等领域的建模基础。当前，CIM 作为 IEC 61970、IEC 61968、IEC 62325 和 IEC 62746 标准的重要组成部分，为电力运行相关的主要实体提供了面向对象、抽象化、可扩展的语义模型。随着电力系统自动化、电网智能化、电力信息集成化的发展，CIM 已经逐渐发展成整个电力公共事业领域的集成工具，使得应用和系统之间能够实现互操作和即插即用。

第二节　电网信息交换标准体系

本节首先介绍了智能电网标准体系框架，然后介绍了支撑运行、企业和市场的 IEC TC57 标准体系，最后描述了 IEC TC57 标准体系中与 CIM 相关的 IEC 61970、IEC 61968、IEC 62325 和 IEC 62746。

一、智能电网标准体系框架

智能电网是能够实现可靠运行、安全、经济、高效、环境友好和使用安全的电网。随着智能电网技术受到世界各国越来越多的关注，IEC 智能电网专题委员会（SG3）提出了智能电网体系模型（Smart Grid Architecture Model，SGAM）

及对应的智能电网标准体系路线图。SGAM 基于工业 4.0 参考体系模型（Reference Architecture Model Industrie 4.0，RAMI 4.0），形成三维立体架构，如图 1-2 所示。其中第一维为域（Domain），包括发电、输电、配电、分布式能源、用户等；第二维为级（Zone），包括过程、现场、厂站、运行、公司、市场等；第三维为互操作层（Interoperability Dimension），包括组件层、通信层、信息层、功能层和业务层。目前，智能电网标准体系的制定已经成为各大国际标准组织（IEC、ISO、IEEE）重点研究方向，其中涉及开放性架构、互操作、网络安全性等方面的 IEC 61970、IEC 61850、IEC 61968、IEC 62357 和 IEC 62351 等已成为智能电网的核心标准。

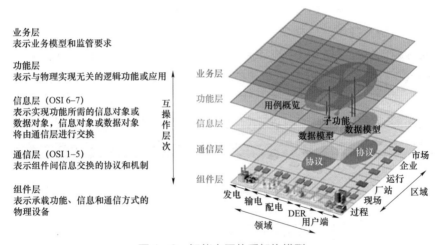

图 1-2 智能电网体系架构模型

DER—分布式能源（Distributed Energy Resource）；OSI—开放式系统互联通信参考模型
（Open System Interconnection Reference Model）

SGAM 架构从业务和技术两个方面为智能电网提供了依据，这有助于评估不同的监管和经济（市场）的结构以及政策的要求对集成化电网功能的影响（业务层）。SGAM 技术细节体现在以下 4 层建模中：

（1）功能层描述了功能和服务，包括业务需求的关系。功能是独立于其系统和设备物理实现的表现（实现在组件层中描述）。

（2）信息层描述了正在使用的信息和各功能间交换的信息。它包含信息对象和基本的规范数据模型。

（3）通信层描述了功能之间的互操作交换机制和协议。

（4）组件层描述了所有参与组件的物理分布。包括电力系统设备、保护和控制设备、网络基础设施（无线/有线通信连接、路由器、交换机）和任何类型的计算机。对于一个特定的实施来说，所确定的功能可以映射到互补所有层之间关系的组件上。

IEC 的智能电网信息交换参考架构（见图 1-3）采用了 SGAM 的域（Domain）和级（Zone）映射。其域包括：

（1）电网相关域：包括输电网、配电网和微电网等。

（2）市场相关域：包括现货市场、中长期市场和辅助服务市场等。

（3）并网资源域：包括大规模发电、分布式能源、智能家居/工业/需求响应、用户端能量管理和储能等。

（4）电气交通域：包括电动汽车、充电桩和轨道交通等。

（5）支持功能域：包括变电站自动化、智能表计和资产管理等。

级涉及的标准参考图 1-3。其中在过程级和现场级，主要是 IEC 61850 和 IEC 61400 等关于现场设备间和智能表计间互相通信的标准及协议。在厂站级，IEC 60870 与 IEC 61850 负责站内设备与站控层的通信以及站控层与调度主站之间的通信标准及协议。在运行级，IEC 61970 和 IEC 61968 对于系统间的互相通信和交互起了很大作用。在企业和市场级，则主要是 IEC 62325 来为系统间的互操作提供支持。

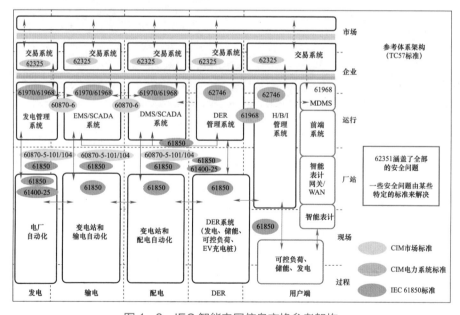

图 1-3 IEC 智能电网信息交换参考架构

二、TC 57 标准体系框架

IEC 的职责是制定电气领域和电工领域的标准以帮助解决这些领域中的问题，在所有领域之间实现所有系统/设备之间的互操作性。其中的第 57 技术委员会（Technical Committee，TC）负责开发电力系统管理及信息交换的标准，支持发电、输电和配电实时运营与规划以及批发电力市场运行。该委员会成立于 1965 年，包含多个工作组，负责开发和维持包括 IEC 61970、IEC 61850、IEC 61968、IEC 62325 和 IEC 60870 等标准。CIM 由 IEC TC 57 下辖的第 13、14 和 16 工作组共同开发和维护。

第 13 工作组（Work Group，WG）关注能量管理系统应用程序接口（EMS-API）及相关的电力系统模型，维护以统一建模语言（Unified Modeling Language，UML）描述的核心 CIM 模型。该模型将电力系统的组件定义为"类"以及这些"类"之间的关系（泛化、关联和聚集），并且还定义了每个类中的参数。这为表示电力系统所有方面的通用模型提供了基础，并且独立于任何特定的专有数据标准或格式。除了电力系统模型外，还包含了标准化的组件接口规范（Component Interface Specification，CIS）以及通用接口定义（Generic Interface Definition，GID）。

WG14 工作组关注配电管理及企业集成，包含了 CIM 以及相关的接口参考模型（Interface Reference Model，IRM）。不同于将泛型接口定义在 IEC 61970 内的 CIS 和 GID，IRM 制定了耦合两个系统的详细用例和据此交换的 XML 信息。WG13 工作组的 CIM 基础数据模型和更多的对象在 WG14 工作组得到了扩展。WG14 所对应的模型涵盖了网络操作的活动、记录和资产管理、运营规划和优化、维护和建设、网络扩展规划、客户支持、抄表和控制等领域。

WG16 工作组关注电力市场交易，在使用 WG13 CIM 的前提下，开发电力市场通信标准。市场参与者与市场运营商之间的通信以及运营商之间的通信都包含在该标准系列中。

图 1-3 中主要是 IEC TC 57 的标准，还包括了其他相关的标准，如 TC 13 智能计量系统、TC 69 电动汽车标准。

IEC TC 57 标准参考体系为 SGAM 用例的开发提供了便利，指导标准设计人员明确系统、应用、组件之间数据交换的目的，指导应用设计人员明确其系统总体愿景，指导电力公司建立实施架构。

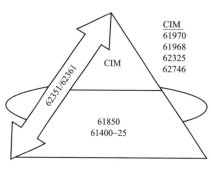

图1-4 参考体系的核心领域

IEC TC 57参考体系标准按照图1-4所示的模型进行开发，未包括在该模型中的标准采用映射的方式来开发。该模型主要体现为3个特点：① 将所有电力系统模型都统一为以 IEC 61970 CIM 为基础、以 UML 描述的模型系列，包括配电网模型 IEC 61968 等；② 将所有数据通信协议都统一到变电站 IEC 61850 的通信协议，包括 IEC 60870-5-101 和 IEC 60870-5-104，以及 TASE.2 协议；③ 将所有安全防护方面的标准都统一到 IEC 62351 标准，要求将所有通信协议都改造为支持安全加密认证的协议。

CIM 由 Enterprise Architect（EA）来维护，EA 是一款基于 OMG UML 的可视化模型与设计工具，提供了对软件系统的设计和构建、业务流程建模和基于领域建模的支持。在 EA 工具建模平台上，CIM 主要使用了 Class 类设计模型，在 EA 的可扩展平台上还有不少用于 CIM 建模的免费、开源插件。

MODSARUS（Model Smart Grid Architecture Unified Solution）是 EA 软件的一个插件，被 IEC TC 57 用于开发 CIM 相关标准。MODSARUS 采用标准化建模方法以及集成 UML 平台中的模型驱动架构方法，以便促进智能电网以任意参考数据模型进行数据交换。该方法的核心思想是从 UML 模型自动生成实现代码，而该 UML 是由架构师采用图形用户界面来设计并屏蔽了建模规则的复杂性。

CIM EA 是一个免费但不开源的 EA 插件工具。CIM EA 扩展 EA 用于开发者管理 IEC CIM、CIM 子集和为基于 CIM 的产品提供建模环境。

CIMTool 是以大型企业级语义模式创建模型子集（profile 是指一组完整描述要建模或交换的信息的类集合）的常用工具。CIMTool 是开源的工具，可以免费从 CIMTool 网站下载。目前它是在 Eclipse 平台上以插件方式实现的。

三、IEC 61970 标准体系

IEC 61970 是国际电工委员会制定的国际标准，与 DL/T 890《能量管理系统应用程序接口（EMS-API）》系列对应。该标准定义了能量管理系统（EMS）的应用程序接口（API），主要用于集成来自 EMS 内部不同厂家的各种应用、EMS 与调度中心内部其他系统的互联以及不同调度中心之间 EMS 的模型交换。

IEC 61970 标准分为 5 个部分，体系框架如图 1－5 所示。

第 1 部分：导则和一般要求。描述了 IEC 61970 标准应用的典型环境及可以融合的应用程序种类，提出了一个用于描绘调度控制中心 EMS－API 问题的参考模型。

第 2 部分：术语表。规定并解释了标准中用到的术语和定义。

第 3 部分：公共信息模型 CIM。定义了涵盖各个应用的面向对象的电力系统模型，是 IEC 61970 系列标准的核心。

第 4 部分和第 5 部分：组件接口规范 CIS。规定应用或系统使用的接口，定义了 API 函数的规范，从而可以方便地与其他独立开放的应用或系统集成，包括：

第 4 部分：CIS 部分 1，对接口做一般性描述，不涉及具体的计算机技术。

第 5 部分：CIS 部分 2，描述了如何将第 4 部分 CIS 部分 1 的标准映射到特定的技术架构上。

概括地讲，IEC 61970 涵盖 IRM、CIM 和 CIS 三部分，其中，IRM 说明了系统集成的方式，CIM 定义了信息交换的语义，CIS 明确了信息交换的语法。

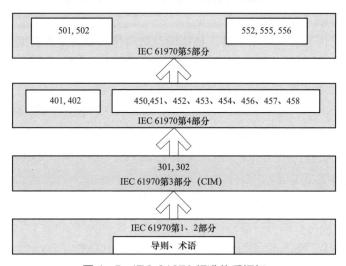

图 1－5　IEC 61970 标准体系框架

四、IEC 61968 标准体系

IEC 61968 标准是配电管理系统（DMS）框架结构所对应的国际标准，与我国电力行业标准 DL/T 1080《电力企业应用集成 配电管理系统接口》对应。应用内集成针对的是同一个应用系统内的各个程序，通常使用嵌在底层运行环境的中间件实现相互间通信，此外，应用内集成力求优化，使之成为紧密、实时、同步连接以及交互式请求/应答或会话通信的模型。IEC 61968 标准的目的是促进电力企业应用间集成，应用间集成是相对于电力企业配电管理的各种分布式应用软件系统的应用内集成而言的。就是将已经实现（可继续使用的）或新的（新购的）不同的应用连接起来，这些应用每一个处于不同运行环境之下。因此，IEC 61968 标准与具有多种异构计算机语言、操作系统、协议和管理工具的松耦合应用有关。

DMS 由用于企业配电管理的多种分布式应用部件构成，它包括供电设备的监视和控制、系统可靠性的管理、电压管理、需求侧管理、停电管理、工作管理、自动成图和设备管理等功能。IEC 61968 为 IRM 标示的每个应用类定义标准接口，主要包括配网运行接口、配网设备接口、资产管理接口、运行计划与优化接口、维护与建设接口、配网规划接口、客户支持接口、抄表与控制接口以及配电管理系统外部接口。

IRM 对于各应用组件之间的通信要求在两个层次上兼容：

（1）消息格式和协议。

（2）消息内容必须互相理解，包括消息结构排列和语义的应用层事宜。

标准的 CIM 子集实际上是一组可以在消息中使用的有效载荷定义。消息有效载荷的实现通常使用下列两种 XML 格式之一：

（1）基于 CIM，遵守 XML 模式（XML Schema）的 XML 文档。标准的第 3～9 部分使用这种方式。

（2）基于 CIM，遵守 RDF 模式（RDF Schema）的 XML 文档。标准的第 13 部分使用这种方式。

消息内容采用遵守 XML Schema（第 3～9 部分）或 RDF Schema（第 13 部分）的 XML 格式，使得消息内容可以加载到各种消息传送机制的消息上，如简单对象访问协议（Simple Object Access Protocal，SOAP）、Java 消息服务（Java Message Service，JMS）、Web 服务（Web Service，WS）等。标准的目的是采用面向服务架构（Service-Oriented Architecture，SOA）来实现消息内容的交换。除 XML 以外的消息格式如 CIM/E 格式也被标准正式采用，用于特定场景的消息内容交换。

假设企业的 OMS 已经具备了向配电自动化系统（Distribution Automation

System，DAS）发送控制命令并从其中获得设备状态的能力，当它满足企业的需求时，向 DAS 发出控制和获取数据的接口不会改变。但是，由于当配电设备改变状态时需要通知其他应用，DAS 将通过中间件服务发布设备状态变化信息。发布事件的另一好处是事件被事件历史应用记录在数据存储器中，用于生成多种类型的报表。由于这些系统当中交换的许多信息对管理决策支持有用，数据库应用也会连接到 IEC 61968 中间件服务上，以便接收发布的信息。

五、IEC 62325 标准体系

IEC 62325 是 IEC 建立的电力市场运营领域重要的国际标准，是与 IEC 61970 和 IEC 61968 相并列的国际标准，其定义了市场管理系统（Market Management System，MMS）内的信息模型，以及 EMS 与 MMS 间信息交换的通用标准。

IEC 62325 标准分为 6 个部分，共 22 个标准，主要包括 IEC 62325 – 301 系列、IEC 62325 – 35×、IEC 62325 – 45×、IEC 62325 – 55×、IEC 62325 – 450、IEC 62325 – 550 – ×。其标准的各部分作用与 IEC 61970 基本类似。

IEC 62325 – 301 是 IEC 62325 标准中的核心模型，是欧洲式、北美式电力市场的公共信息模型。在公共信息模型 IEC 62325 – 301 基础上分为两个分支，即欧洲式电力市场标准和北美式电力市场标准。

欧洲式电力市场标准主要包括三部分：欧洲式电力市场子集 IEC 62325 – 351、欧洲式电力市场主要业务模型 IEC 62325 – 451 – ×，以及欧洲式电力市场主要业务信息交互文件 IEC 62325 – 551 – ×。欧洲电力市场建立模型的主要特点是：电力市场交易的开展基于市场成员间信息的规范化交换，以市场文档为核心；对于电力市场中每一个业务流程，给出一个特定的业务模型文档集。目前，初步形成了合同、计划、结算、备用资源安排、信息发布等主要业务模型文档（分别对应建立了一类标准），结合业务需要，后续可能进一步扩展。

美国式电力市场子集主要包括三部分：美国式电力市场子集 IEC 62325 – 352、北美式电力市场主要业务模型 IEC 62325 – 452 – ×，以及北美式电力市场主要业务信息交互文件 IEC 62325 – 552 – ×。美国式电力市场建立模型的主要特点是：考虑电网运行物理模型和安全约束，定义了一个市场运营的公共全集；对于实际运营的电能、辅助服务、容量市场、输电权市场等不同市场品种，再分别定义对应的业务模型子集。目前，初步规划了日前市场、实时市场、容量市场、输电权市场等主要业务模型子集。

欧洲电力市场目前的趋势朝着统一互联方向发展，标准中的欧洲电力市场部分主要针对双边交易，覆盖了成员、合同、计划、结算等中长期运营实际业务的信息交互标准。美国电力市场运营更关注电力资源集中优化，因此标准中的美国电力市场部分以日前、实时市场为主，覆盖日前市场、实时市场、金融输电权市场、容量市场等多品种联合运营的业务。

六、IEC 62746 标准体系

发展需求侧响应市场需要将手动 DR 转变到 OpenADR（Open Automated Demand Response，开放的自动需求侧响应），DR 的发展是基于市场、价格引导或者调度的直接下令来减少电力需求，以提高电力服务的可靠性或者避免电力价格过高。IEC 62746 标准的目的是支持在动态市场中自动调用 DR 以提高电网的经济性和可靠性。最近的发展使得本标准要适应于多种市场和设备需求，如辅助服务、动态价格、间歇性可再生能源、大规模储能、电动汽车、可控负荷等，例如基于实时价格信息，客户可以持续监视价格，做出连续的自动控制和响应策略。

IEC 62746 要管理用户资源。这些资源可以由负荷及发电组成，被管理用来响应调度或者市场的指令。这些资源可以以特定容量的单个资源被管理，也可以以聚集容量的虚拟资源被管理。IEC 62746 聚焦于主网调度、市场、配网调度、售电商、聚合商、服务提供者和各能源之间的接口通信。其中所涉及的 CIM 模型参考 IEC 61968、IEC 61970 和 IEC 62325。

第三节　国内 CIM 相关标准体系

一、通用标准体系

与 IEC TC 57 对口的全国电力系统管理及其信息交换标准化技术委员会（SAC/TC 82）负责采用 IEC TC 57 标准形成国家标准或电力行业标准。SAC/TC 82 将所有电力系统模型都统一为以 IEC 61970 CIM 模型为基础，结合当代计算机、通信、控制、信息等技术的最新进展，归纳提炼出基于"通用安全架构、通用通信协议、通用模型描述、通用服务界面"的改进通用标准体系框架，如图 1-6 所示，逐步形成不仅在发电、输电、配电、用电等各个领域通用，同时也在设备、现场、厂站、调度、企业、市场等各个层级通用的技术标准。

近 10 年来我国电网快速发展，全国联网基本形成。随着特高压电网的建设，国家电网成为世界上电压等级最高、输送容量最大、技术水平最先进、运行特性最复杂的现代巨型电网，国家电网的现有形态从根本上发生了改变，电网结构、电源结构、运行特性、平衡格局和外部环境发生了深刻变化。现代巨型电网特性和运行控制非常复杂，原

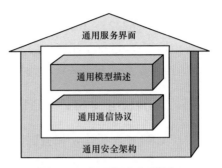

图 1-6　通用标准体系框架

有多套各自独立的自动化系统难以满足运行要求，迫切需要将这些系统进行互联互通，提高特大电网的安全运行控制水平。

因此，根据我国电网运行的实际情况，在参考 IEC TC 57 相关标准体系的基础上，制定了特大电网调度控制系统信息技术标准体系。该标准体系包括 IEC 国际标准转化 12 项、国家标准 10 项、行业标准 7 项及国家电网公司、南方电网公司多项企业标准。系列标准完整深入地构建了特大电网调度控制系统标准体系，内容涵盖系统体系架构、支撑平台和四大类应用功能。

同时，国家标准"电网通用模型描述规范（CIM/E）"和行业标准"电力系统图形描述规范（CIM/G）"在国内取得的成功经验引起了国外专家的兴趣。2010年 5 月，IEC TC 57 年会邀请中国专家介绍中国的智能电网调度控制领域体系标准，希望中国多做贡献。经慎重考虑，标准委员会决定先把 CIM/E 和 CIM/G 作为国家标准国际化项目推荐给 IEC。2011 年 9 月，两项标准在 IEC TC 57 范围内成功立项。2016 年 10 月，IEC TS 61970-555 CIM/E、IEC TS 61970-556 CIM/G 作为国际标准正式发布，目前已有 18 个国家和地区采用了以上两项标准。

国内也在持续跟踪 IEC 61968 标准的制定和发布情况，开展相应的标准转化工作。截至 2020 年年底，IEC 61968 第 1、2、3、4、9、11、13、100 部分已经完成转化为国内行业标准 DL 1080 的工作并出版，其他标准根据 IEC 的进展后续开展相应的转化工作。此外，在吸收 IEC 61968 标准思想的基础上，根据我国配电自动化系统的建设实践，制定和发布了国家标准 GB/T 35689—2017《配电信息交换总线技术要求》。IEC 61968 标准在我国配电自动化建设中广泛应用，尤其在配电地理信息系统和配电自动化系统的图模信息交换中发挥了积极的作用，实现了图模源端维护和统一，促进了配电自动化系统的应用。

国内也开展 IEC 62325 的标准转化工作，目前已完成 IEC 62325-301、351 的行业标准转化工作，并已启动 IEC 62325-352 行业标准的转化工作。此外，

在继承 IEC 62325-301 的基础上，针对中国电力市场分级运营，多方合同、结算等市场特点，进行了相应扩展，编制国家电网公司企业标准 Q/GDW 1475—2014《电力市场交易运营系统标准数据模型》。

二、国家电网 SG-CIM

在 CIM 的基础上，根据国家电网公司数据共享交互的需要、电网运行及管理现状的需求，提出 SG-CIM（State Grid-CIM）的概念，统一规范了电网建模。SG-CIM 是国家电网有限公司参考国际标准（IEC 61970/61968/62325）和行业最佳实践（SAP/ERP），结合公司核心业务需求、在运系统数据字典等，采用"业务需求驱动自顶向下"和"基于现状驱动自下向上"相结合的模式，基于面向对象建模技术而构建的企业数据模型。

SG-CIM 是使用面向对象的方式进行构建的抽象的公共数据模型，基于公共信息模型 CIM 并将之进行扩展、优化，满足国家电网有限公司数据共享交换的需求，为业务应用系统提供统一的数据模型。因此，SG-CIM 的内容，一部分是引用 CIM 的内容；另一部分是 CIM 范围外的按照电网需求进行拓展的内容。由于电网业务的发展，SG-CIM 也随之进行不断的完善。

SG-CIM 包括核心模型、公共模型、扩展模型。核心模型，表示管理域的基本信息模型，是类、类的属性和它们之间关系的集合。公共模型，表示管理域的通用信息模型。扩展模型，表示对通用模型的扩展。SG-CIM 实现了业务应用系统间的数据共享，在各个业务应用系统中提供了统一企业信息视图，控制支撑系统数据的质量。

三、南方电网全景模型

南方电网公司为解决大量二次系统带来的功能重复、数据不一致和信息孤岛等突出问题，在 CIM 的基础之上，提出全景模型的概念，构建了以电网模型为核心、以各专业应用模型为扩展的统一模型。全景模型采用分布式建模技术，首先将省调和地调的电网模型进行拼接，形成全省大模型，然后将各省大模型与总调模型进行拼接，形成全网大模型。使用全景模型不仅能及时掌握整个电网的变化情况，提高驾驭大电网的能力，而且可以将全景模型提供给第三方系统使用，提高应用系统内部网络模型和实际电网的拟合程度，增加分析计算的准确性和完整性。

全景模型总体分为公共区、应用区和扩展区三大部分，其中，公共区模型是公共信息模型 CIM 及其扩展，是全景模型的核心部分；应用区模型是南方电网一体化电网运行智能系统下各逻辑中心下所有的应用区数据模型，它是全景模型的重要组成；扩展区模型是实际建设过程中供用户自行定义的扩展数据模型。按照全景模型的"源端维护"原则，公共区模型编码维护由主站、厂站各自维护，扩展区模型由功能模块的建设单位各自维护。

全景模型对公共区和应用区模型定义了详细的编码规则。其中，公共区定义了主站设备、厂站和线路、厂站设备和线路设备、量测点、水库、用户共六种编码对象，每个编码对象由 12～14 位混合码构成，包括字母和数字。应用区定义了数据中心、监视中心、管理中心、电力系统运行驾驶舱等 205 个功能模块的编码对象，每个编码对象由 9～22 位混合码构成，包括字母和数字。扩展区对象的命名规则和编码结构与应用区对象完全相同，分为功能模块和模块对象两类编码结构。

全景建模使用定义边界、模型切割、模型对接等关键技术实现全网模型拼接；基于可伸缩矢量图形（Scalable Vector Graphics，SVG）和 CIM 图形的自动导入与关联，南方电网系统内潮流图和厂站图全部由自动成图系统自动生成，包括全网各地区的 110/35kV 的电网潮流图；利用拼接后量测对象厂站和设备名称均未改变的特点，定位量测对象，实现量测点与模型设备的自动规范化映射。

第二章

UML 介 绍

CIM 作为一种基于面向对象技术的抽象模型，描述电力企业的所有对象，特别是与电力运行有关的对象。统一建模语言（Unified Modeling Language，UML）是面向对象开发方法的标准化建模语言。CIM 采用面向对象的建模技术，即采用 UML 表示法将 CIM 定义成一组包，将电力企业中的信息定义为类及类之间的关系。为了理解 CIM，用户需要了解 UML 类图及相关的基础知识。UML 给出了面向对象模型的定义和表达规范，但是在电力信息系统应用 CIM 进行模型信息交换时，需要一种机器可读、可理解的方式处理信息，CIM 推荐采用资源描述框架（Resource Description Framework，RDF）。RDF 采用可扩展标记语言（Extensible Markup Language，XML）作为其描述语法。为了理解 CIM 的数据交换，用户也需要对 XML、RDF 的基本知识有所了解。

本章主要介绍 CIM 涉及的相关技术的基础知识，包括统一建模语言 UML、可扩展标记语言 XML 和资源描述框架 RDF。

第一节 统一建模语言 UML

UML 是一种基于面向对象技术的可视化建模语言，它定义了一个用于简化系统模型的标准语言和图形符号，为软件开发的所有阶段提供模型化和可视化支持。UML 是分析、设计软件系统时广泛采用的标准。基于 UML 的建模不依赖于特定的实现技术，可以在多个平台上实现。

UML 分为结构建模和行为建模两大类。结构建模图定义模型的静态结构，如类、对象、接口和物理组件，同时也对元素间关联和依赖关系进行建模。行为建模图用来描述模型执行的交互变化和瞬间的状态。IEC 61970 CIM 模型侧重于描述电力设备的静态模型，所以 CIM 模型主要使用 UML 的结构建模图。

一、类

在面向对象系统设计中，类（Class）是对现实世界中一组具有相同特征的物体的抽象，是对一组具有相同属性、操作、关系和语义的对象的描述，反映出这类对象在系统内的结构和行为。类是一个模板，用它可以创建实际运行的实例。类可以有属性（数据）和方法（操作或行为）。类并不是孤立存在的，类与类之间存在各种关系，比如泛化、实现、依赖和关联。其中关联又分为一般关联关系、聚集关系和合成关系。在 CIM 中主要涉及泛化关系、关联关系、聚集关系。

在 CIM 中，像变压器这样的物理对象被建模为类。每一个类有自己的内在属性和与其他类的关联关系。在软件系统运行时，类将被实例化成对象。对象对应于某个具体的事物，是类的实例。每个对象都包含相同数量和类型的属性和关系。

举一个简单例子，Circle 类描述绘制在图上圆的特征。假设这个图是比较简单的二维图形，如果 Circle 被绘制，需要有坐标属性 x、y 来表示圆的中心，再有一个属性 radius 来表示圆的半径。图在屏幕上不同位置可能有不同大小的多个圆，但是它们都可以使用图 2-1 所示的 Circle 类以相同的方式进行描述。

如果在图中实例化 100 个圆，系统则将创建 100 个独立圆的实例，每个圆的实例包含独自 x、y 坐标和半径。任意一个圆的半径的变化都不会影响任何其他圆。

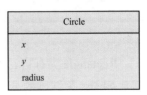

图 2-1 Circle 类

二、泛化关系

泛化关系（Generalization）也就是继承关系。泛化关系用于描述父类与子类之间的关系，父类又称做基类或超类，子类又称做派生类。在 UML 当中，对泛化关系有三个要求：

（1）子类与父类应该完全一致，父类所具有的属性、操作，子类应该都有。

（2）子类除了与父类一致的属性以外，还包括自己的属性。

（3）可以使用父类实例的地方，也可以使用子类的实例。

除了上述例子中的圆形（Circle），还有矩形（Rectangle）、三角形（Triangle）和正方形（Square）等都是某种类型的形状。如果将一个 Shape 类作为父类，则 Circle、Rectangle 和 Triangle 类都是 Shape 的子类。另外，Square 也可以被认为是 Rectangle 的子类。由于用户不会创建 Shape 的实例，所以 Shape 是抽象类，而它的子类都是具体类，在图中包括圆、矩形、三角形、正方形等。

图 2-2 展示了抽象类 Shape 和它的子类 Circle、Rectangle 和 Triangle 之间的类层次结构。其中，Square 是 Rectangle 的子类，每一个 Shape 都有 x、y 坐标属性，所以 Circle 的 x、y 坐标属性移到父类 Shape 中，所有的子类都从父类 Shape 中继承该属性，但 radius 属性依然属于 Circle 类。

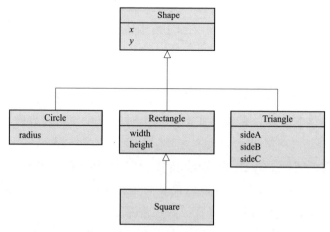

图 2-2　Shape 类与其他类间的泛化关系

Rectangle 类有自己的额外的属性 width 和 height。Square 继承了这些属性（包括从 Shape 类继承的 x 和 y 属性），只需要在实现正方形对象时确保宽度和高度是相等的。在 Triangle 类中，用三个属性（sideA、sideB 和 sideC）来明确定义三角形三边的长度。

一个正方形既是一个矩形又是一个形状，但不是所有的矩形都是正方形，不是所有的形状都是矩形。一个系统知道任何形状都会有一个坐标，但是只有圆有一个半径，而三角形有 A、B 和 C 三条边。

三、关联关系

关联（Association）是一种结构关系，它指明一个事物的对象与另一个对象间的联系。如上图绘制形状的示例，每个形状通过关联样式（Style）类来表示形状的线宽、线色和填充颜色。Style 可以被多种形状使用，并且用特定名称与它们关联。在 UML 中，关联关系用一条实线来表示。

在图 2-3 中，Style 类有 lineThickness、outlineColour 和 fillColour 三个属性

和特定的 name 属性，name 属性用于显示关联 Shape 类时该关系的名称。该关联关系通过 Shape 类和 Style 类之间的一条线来表示，该关联在每一端都有角色。一个类处于关联的某一端时，该类在关系中扮演特定的角色。关联两边的 Shapes 和 Style 标示了两者之间的关系，而数字表示双方关系的限制，体现关联双方之间的多重性。如图 2-3 所示，一个 Shape 类与一个 Style 类的关联基数为 1，意味着一个 Shape 必须与一个 Style 的实例关联，关联的角色名为 Style。另一方面，一个 Style 类与一个 Shape 类的关联基数为 0 .. *，意味着一个 Style 可能与零或多个 Shape 关联，关联的角色名为 Shapes。

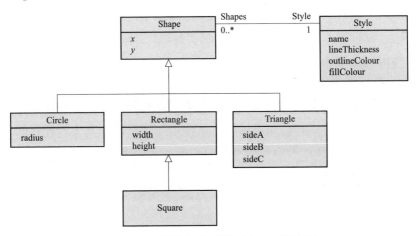

图 2-3　关联 Style 类的 Shape 类结构

　　Shape 的子类也受父类的关联约束，也就是说，无论是 Circle、Rectangle、Triangle 还是 Square，都必须有一个 Style 角色，并且可以在多个实例中共享同一个 Style。

四、聚集关系

　　聚集关系是一种特殊的关联关系，是整体与部分的关系，且部分可以离开整体而单独存在。在类图中使用空心的菱形表示聚集关系，菱形从局部指向整体。例如在图形形状示例中，增加一个包含多个形状的图层（Layer）类。如图 2-4 所示，Layer 类与 Shape 类的关系是聚合关系。Layer 类将若干 Shape 组合成一个图层，

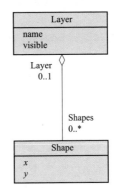

图 2-4　包含 Shape 和 Layer 类的聚合关系示例

该图层在图形中可以被显示或隐藏。Layer 类具有 name 和 visible 属性，visible 属性表明该图层是否可见。

如图 2-4 所示，一个图层可以包含零或多个形状实例，而一个形状可以属于或者不属于某个图层（假设图层是可选的）。菱形符号表明二者并不完全相互依赖，而且如果图层被删除，形状将仍然存在。

第二节 可扩展标记语言

XML 是一种结构化文档和数据的通用格式，已经成为可通过 Internet 访问的结构化、以机器可读数据扩展格式存储的标准。XML 是一种元语言，它有助于设计标记语言来描述数据的结构。

XML 是标准通用标记语言（Standard Generalized Markup Language，SGML）的一个子集。SGML 是为在线传输和离线存储数据而设计的。数据采用纯文本格式，从而使其成为人和机器可读的，该标准编码格式独立于软件和硬件，与平台无关。通过 XML，可以在不兼容的系统之间交换数据。

一、XML 语法

XML 的语法规则很简单，且富有逻辑。

（1）所有 XML 元素都须有关闭标签：

```
<p>This is a CIM/XML</p>
```

（2）XML 标签对大小写敏感：

标签<Circle>与标签<circle>是不同的

（3）XML 文档必须有根元素：

```
<root>
  <child>
    <subchild>.....</subchild>
  </child>
</root>
```

（4）XML 的属性值须加引号：

```
<Book date="08/08/2017">
  <to>IEC 61970</to>
  <from>WG13</from>
</Book>
```

二、简单的 XML 示例

以下示例采用简单的 XML 标签语法定义，用于描述 John 写给 George 的便签。

```
<note>
  <to>George</to>
  <from>John</from>
  <heading>Reminder</heading>
  <body>Don't forget the meeting! </body>
</note>
```

上面的这条便签具有自我描述性，它拥有标题以及留言，同时包含了发送者和接受者的信息。

以下示例用 XML 描述书籍的内容和属性：

```
<book title="Introduction to CIM" author="WG13">
  <revision number="2">
    <year>2017</year>
    <month>January</month>
    <day>1</day>
  </revision>
  <chapter title="Preface">
    <paragraph>Welcome to this book…</paragraph>
    <paragraph>…</paragraph>
    <paragraph>…and we shall continue</paragraph>
  </chapter>
  <chapter title="Introduction">
    <paragraph>To understand the uses…</paragraph>
  </chapter>
</book>
```

book 元素包含两个属性 title 和 author，以及一个 revision 子元素和若干个 chapter 子元素。title 属性描述书的标题，author 属性描述书的作者。子元素 revision 描述书的版本修订情况。chapter 元素描述书的各个章节。chapter 元素又有一个或若干个 paragraph 子元素，paragraph 元素描述段落，表示书的某个章节包含一个或若干个段落。

三、XML Schema

XML Schema 是对 XML 的文档结构加以定义和描述的一种语言。XML 本身没有设置标签语法或语义，但可以使用 XML 语法定义的 schema 来描述几乎所有类型的数据。不同应用间通过 XML 来交换数据，需要知道双方交换的 XML 数据所使用的语法和语义知识，否则将难以理解交换 XML 数据的含义。将 XML 的标签语法和语义以 XML schema 形式进行描述，可以对 XML 文档的结构和内容进行约束和规范。

XML Schema 的作用是定义 XML 文档的合法构建模块，可作为 XSD（XML Schema Definition）来引用。XSD 定义如下：

（1）定义可出现在文档中的元素；

（2）定义可出现在文档中的属性；

（3）定义哪个元素是子元素；

（4）定义子元素的次序；

（5）定义子元素的数目；

（6）定义元素是否为空，或者是否可包含文本；

（7）定义元素和属性的数据类型；

（8）定义元素和属性的默认值以及固定值。

以上述的用 XML 描述书籍为例，创建一个描述 book 数据的简单 XML schema 的 XSD 示例，如下：

```
<?xml version="1.0" encoding="UTF-8"?>
<xs:schema xmlns:xs="http://www.w3.org/2001/XMLSchema">
  <xs:element name="book">
   <xs:complexType>
     <xs:attribute name="title" type="xs:string" />
     <xs:attribute name="author" type="xs:string" />
       <xs:sequence>
```

```
    <xs:element name="revision">
     <xs:complexType>
      <xs:attribute name="number" type="xs:positiveIneger"/>
        <xs:sequence>
         <xs:element name="year" type="xs:positiveIneger"/>
         <xs:element name="month" type="xs:string"/>
         <xs:element name="day" type="xs:positiveIneger"/>
        </xs:sequence>
     </xs:complexType>
    </xs:element>
    <xs:element name="chapter" maxOccurs="unbounded"/>
     <xs:complexType>
      <xs:attribute name="title" type="xs:string"/>
      <xs:sequence>
      <xs:element name="paragraph" maxOccurs="unbounded"/>
     <xs:complexType mixed="true">
      <xs:sequence>
        <xs:element name="italic" type="xs:string" maxOccurs=
"unbounded"/>
        <xs:element name="hold" type="xs:string" maxOccurs=
"unbounded"/>
        <xs:element name="underline" type="xs:string" maxOccurs=
"unbounded"/>
      <xs:sequence/>
     </xs:complexType>
    <xs:sequence/>
   </xs:complexType>
  </xs:element>
</xs:schema>
```

第三节　资 源 描 述 框 架

　　RDF 是一个用于描述资源信息的框架，提供了一种用于表达信息并使其能在应用程序间交换而不丢失语义的通用框架。RDF 使用统一资源标识符（Uniform Resource Identifier，URI）来标识对象，并通过属性和属性值来描述资源。

RDF 包括三个对象类型，资源（Resource）、属性（Property）和陈述（Statement）。所有能够使用 RDF 表示的对象都称为资源，包括网络上的所有信息、虚拟概念、现实对象等。资源以唯一的 URI 来标识，不同的资源拥有不同的 URI。属性描述资源的特征或与其他资源间的关系。陈述是指特定的资源以一个被命名的属性与相应的属性值来描述，陈述用 RDF 三元组<主体，谓词，客体>来描述资源所具有的属性，资源、属性和属性值的组合形成一个**陈述**（被称为陈述的**主体**、谓语和客体）。其中主体是一个被描述的资源，由 URI 表示。客体表示主体在属性上的取值或一个关联资源，它可以是另外一个由 URI 来表示的资源或者文本。

一、基于 XML 的 RDF 语法

RDF 的概念模型是一张图。RDF 提供了一种被称为 RDF/XML 的 XML 语法来书写和交换 RDF 图，RDF/XML 是书写 RDF 的规范性语法。

下面通过一个简单描述网页创建日期的示例来说明 RDF/XML 的基本语法规则。

```
<?xml version="1.0"?>
<rdf:RDF xmlns:rdf="http://www.w3.org/1999/02/22-rdf-syntax-ns#"
         xmlns:exterms="http://www.example.org/terms/">
  <rdf:Descriptionrdf:about="http://www.example.org/index.html">
    <exterms:creation-date>August16,1999</exterms:creation-date>
  </rdf:Description>
</rdf:RDF>
```

二、简单的 RDF 示例

在 RDF 文档中，可以在 RDF 命名空间 http://www.w3.org/1999/02/22-rdf-syntax-ns#下为每个元素分配唯一的 ID 属性。通过向一个元素添加资源（resource）属性，并允许其他元素通过属性值关联到另一个元素的资源 ID 来实现元素之间的相互引用。

以下图书馆的 RDF/XML 示例说明了如何实现元素之间的关联关系：

```
<rdf:RDF xmlns:rdf=http://www.w3.org/1999/02/22-rdf-syntax-ns#
xmlns:lib="http://www.example.com/libraries/2011/library-schema#">
```

```
 <lib:library rdf:ID="_lib0001">
   <lib:library.name>Engineering Library </lib:library.name>
</lib:library>
<lib:book rdf:ID="_entry0001">
  <lib:book.title>CIM , 2000－2008 </lib:book.title>
  <lib:book.author>WG 13 </lib:book.author>
  <lib:book.position>
      <lib:position>
          <lib:position.section>A</lib:position.section>
          <lib:postion.shelf>2</lib:position.shelf>
      <lib:position>
   </lib:book.position>
   <lib:book.sequel rdf:resource="#_entry0002"/>
   <lib:book.library rdf:resource="_lib0001"/>
</lib:book>
   <lib:book rdf:ID="_entry0002">
      <lib:book.title>CIM, 2006－2010 </lib:book.title>
      <lib:book.author>WG 13 </lib:book.author>
      <lib:book.position>
          <lib:position>
              <lib:position.section>A </lib:position.section>
              <lib:postion.shelf>2 </lib:position.shelf>
          <lib:position>
      </lib:book.position>
      <lib:book.sequelTo rdf:resource="#_entry0001"/>
      <lib:book.library rdf:resource="_lib0001"/>
   </lib:book>
</rdf:RDF>
```

　　如上所示，RDF 提供了一种显示元素之间的关联关系的方法。RDF schema 包含元素的属性不止 ID 和 resource，但在 CIM 中只关注将 CIM 序列化为 RDF XML 的 RDF 部分。

三、RDF Schema

RDF Schema 为 RDF 数据提供数据建模词汇表，是 RDF 基本词汇的扩展，用于定义应用程序专业的类和属性的方法。RDF Schema 并不为具体的应用程序类如 lib:book.sequel、lib:book.sequelTo、lib:book.title 和 lib:book.author 等属性提供词汇表。相反，RDF Schema 允许用户自己描述这些类和属性，并指出它们何时应该一起使用。例如，可能会声明属性 lib:book.title 用于描述 lib:book，或者 lib:book.sequel 是 lib:book 的一个元素，应该被另一个 lib:book 条目引用。RDF Schema 类和属性类似于面向对象编程语言（如 Java）的类型系统。

　　本质上，RDF Schema 为 RDF 提供了一套类型。RDF Schema 与许多类似系统的不同之处在于，RDF Schema 不是根据实例可能具有的属性来定义类，而是根据它们所应用的资源类来描述属性。如前面的例子所示，RDF Schema 定义了 library 和 book 类的条目和 library、sequel 和 sequelTo 属性。

```
<rdfs:Class rdf:ID="library">
 <rdfs:label xml:lang="en">library</rdfs:label>
 <rdfs:comment>图书馆目录</rdfs:comment>
</rdfs:Class>
<rdfs:Class rdf:ID="_book">
 <rdfs:label xml:lang="en">book</rdfs:label>
 <rdfs:comment>图书馆中的一本书</rdfs:comment>
</rdfs:Class>
<rdf:Property rdf:ID="_book.library">
 <rdfs:label xml:lang="en">library</rdfs:label>
 <rdfs:comment>这本书在图书馆里</rdfs:comment>
 <rdfs:domain rdf:resource="#_book"/>
 <rdfs:range rdf:resource="#_library"/>
</rdf:Property>
<rdf:Property rdf:ID="_sequel">
 <rdfs:label xml:lang="en">sequel</rdfs:label>
 <rdfs:comment>表明该书有续集也在图书馆中</rdfs:comment>
 <rdfs:domain rdf:resource="#_book"/>
 <rdfs:range rdf:resource="#_book"/>
</rdf:Property>
<rdf:Property rdf:ID="_sequelTo">
  <rdfs:label xml:lang="en">sequelTo</rdfs:label>
  <rdfs:comment>表明该书是图书馆中另一本书的续集</rdfs:comment>
  <rdfs:domain rdf:resource="#_book"/>
```

```
    <rdfs:range rdf:resource="#_book"/>
</rdf:Property>
```

示例中 rdfs:domain 和 rdfs:range 用于描述属性和类之间或者属性和数据类型之间的关联关系，domain 表示属性所在的类，range 表示属性所引用的元素（类或数据类型）。在该示例中定义了 book 和 library 类，然后定义了 library、sequel 和 sequelTo 三个属性。每个属性所在的类都是 book 类，library 属性所引用的元素是 library 类，而 sequel 和 sequelTo 属性所引用的元素是 book 类。

第三章

基于 UML 的公共信息模型

CIM 是一个与实现无关的模型，描述了在电力企业不同系统之间交换信息的全面逻辑视图。CIM 使用 UML 将电力企业中的信息定义为类以及类之间的关系。CIM 类是对现实世界中事物的表示，例如变压器、发电机、负荷，EMS 应用需要处理、分析与存储的计划与量测等，资产跟踪、作业调度、客户账单应用需要处理的资产台账等电力企业管理对象，以及电力市场应用需处理的合同、发票、价格、竞价等市场管理对象。在电力系统中一个具有唯一标识的具体对象则被建模成它所属的类的一个实例。CIM 类具有描述对象特性的属性，只有各个应用共有的那些属性才包括在类的描述中。CIM 类之间存在三种静态关系：泛化、聚集和关联。采用 UML 表示电力企业中的公共信息，独立于任何特定的专有数据标准或格式，保证了来自不同领域的数据可被所有的信息使用者一致地识别和理解。

CIM UML 信息模型包罗万象，包括电网运行对象、企业管理对象、市场管理对象等，而且 CIM 类的所有属性都是可选的，这就为实际的系统数据集成带来了困难，极大限制了应用的互操作性。为此针对特定的应用需求定义了 CIM 子集（Profile）。CIM 子集建立了特定语境下的语义模型，是部分 CIM 类、关联和属性的集合，规定了哪些属性是强制的、哪些是可选的，还可对某些关联的基数加以限制。制定子集可以改善和简化系统的数据集成，互操作测试（Interoperability Test，IOP）和一致性测试也都是基于子集开展的。

本章将说明 CIM 如何使用 UML 来描述电力系统的元件，以及如何将其扩展到与电力系统的运行和管理相关的数据建模中。由于电力系统的应用需求在不断发展，CIM 也必须进行相应的扩展以满足应用需求的演变。本章最后对 CIM 的扩展原则进行了说明，并给出了扩展的示例。

第一节　CIM UML 信 息 模 型

一、CIM 包

CIM 使用 UML 来描述，包括了大量的类，每个类都有与其他类的关联。由于完整的 CIM 的规模较大，为了方便模型管理和维护，将包含在 CIM 中的对象类分成了几个逻辑包，每个逻辑包代表整个电力系统模型的某个部分，包里面可以进一步划分子包。如图 3－1 所示，CIM 包含三个顶层的基本包，即 IEC 61970 包、IEC 61968 包、IEC 62325 包，虚线表示依赖关系，箭头由依赖包指向其所依赖的包。其中：

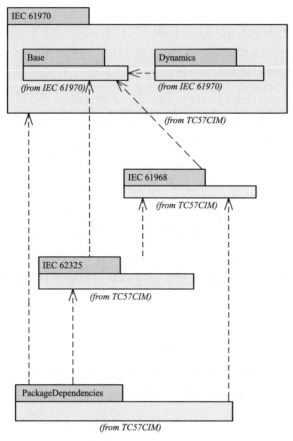

图 3－1　公共信息模型顶层的包及相互依赖关系

（1）IEC 61970 包不依赖于其他两个包，IEC 61970 包及其子包包含了基础电力系统模型，定义了所有网络分析所必需的对电气特性进行建模的基础领域数据类型、类和属性。其他两个包按需使用这些类和属性，以充分规范其领域所使用的电力系统模型。IEC 61970 包分为 301 基础（Base）和 302 动态（Dynamics）两大部分。

（2）IEC 61968 包描述了电力企业中配电管理系统进行建模的类和属性，包括了与资产、位置、活动、用户、文档、工作管理和计量等有关的逻辑视图。

（3）IEC 62325 包描述了针对北美和欧洲电力市场的市场模型的类和属性，包括了与日前和实时市场、金融输电权和结算有关的逻辑视图。

包的边界并不意味着应用的边界，一个应用可能使用来自几个包的 CIM 实体。

1. IEC 61970 包

（1）IEC 61970 – 301 基础。IEC 61970 – 301 基础的子包有核心包（Core）、图形布局包（DiagramLayout）、运行限值包（OperationalLimits）、拓扑包（Topology）、电线包（Wires）、发电包（Generation）、负荷模型包（LoadModel）、辅助设备包（AuxiliaryEquipment）、保护包（Protection）、等值包（Equivalents）、量测包（Meas）、SCADA 包、控制区包（ControlArea）、预想故障包（Contingency）、状态变量包（StateVariables）、直流包（DC）、故障包（Faults）、ICCP 配置包（ICCPConfiguration），以及定义数据类型的域包（Domain）。这些子包也称为 CIM 基础包。图 3 – 2 示出了 IEC 61970 – 301 部分的 CIM 基础包及它们之间的依赖关系。

域包定义了被其他包中的类使用的基本数据类型，有<<enumeration>>、<<Primitive>>、<<CIMDatatype>>、<<Compound>>四种版型。

核心包、电线包、拓扑包涵盖了定义一个电网物理特性所需的所有基本的类。其中，核心包包含所有应用共享的核心的 PowerSystemResource 和 ConductingEquipment 实体，以及这些实体的常见组合；拓扑包是核心包的扩展，它与 Terminal 类一起建立设备物理连接的模型，以及设备通过闭合开关连接在一起的逻辑上的拓扑模型；电线包是核心包和拓扑包的扩展，建立输电和配电网络的电气特性信息的模型。电线包由网络应用软件，如状态估计、潮流、优化潮流等使用。

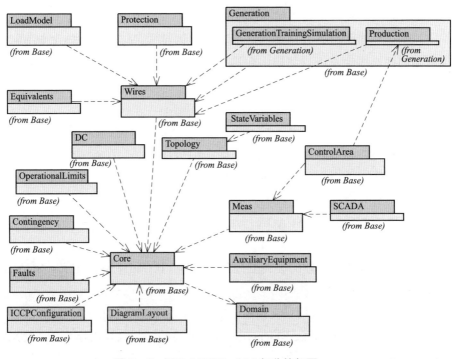

图 3-2　IEC 61970-301 部分的包图

　　负荷模型包负责用曲线和关联的曲线数据来建模能量用户和系统负荷，还包括能够影响负荷的特殊情况，如季节和日类型。

　　发电包包含了用于机组组合、水火电机组经济调度、负荷预测、自动发电控制和动态培训仿真的机组建模等信息的包。发电包又分为两个子包，发电动态包（GenerationDynamics）和生产包（Production）。发电动态包描述了用于仿真和培训的各种原动机，如汽轮机和锅炉。电力生产包包含了描述各种类型发电机的类。这些类还提供生产费用信息，可用于在可调机组间经济地分配负荷以及计算备用容量。

　　直流包对直流设备与控制进行建模。

　　等值包用于等值网络建模。

　　辅助设备包包含了常规导电设备之外的设备，如传感器、故障定位器和浪涌保护器等。这些设备没有像导电设备那样规定了带电拓扑连接，但是与其他导电设备的端点有关联。

　　量测包包含了描述各应用之间交换的动态测量数据的实体。

　　图形布局包描述图形布局，描述对象如何在一个坐标系中排列而不是如何渲染。

运行限值包定义了设备和其他运行实体所关联的限值规范。

控制区包用于对各种用途的区域功能进行建模。该包从整体上对有可能相互重叠的控制区定义进行建模，而这些控制区的定义是为了实际的发电控制、负荷预测或者基于潮流的分析等。

预想故障包包含了需要研究的预想故障模型。

状态变量包包含了用于潮流计算之类分析求解的状态变量相关的类。

保护包作为核心包和电线包的扩展，用来建立保护设备（如继电器）的信息模型。这些实体用于培训仿真和配电网故障定位等应用。

故障包对导电设备可能发生的故障进行建模。

SCADA 包描述了对 SCADA 应用所使用的信息进行建模的类。监控支持运行人员对设备的控制，例如合或分一个断路器。数据采集从各种源采集遥测和遥信数据。远程测控实体的子类型符合 UCA 和 IEC 61850 的定义。SCADA 包同时支持报警展示。

ICCP 配置包对双边信息交换所需的 ICCP 配置进行建模。

IEC 61970-301 标准之外的 CIM 包与上述的某些包有依赖关系，特别是域包和核心包。

（2）IEC 61970-302 动态。IEC 61970-302 动态建立在 IEC 61970-301 之上，用于表示发电机、电动机、控制器和负荷等常用的电力系统元件的动态行为，以进行系统动态评估及规划的仿真研究。使用 IEC 61970-302 动态进行模型交换的应用，根据 IEEE/CIGRE 关于稳定性术语和定义的联合工作组给出的《IEEE/CIGRE 中电力系统稳定性定义和分类》，对电力系统的静态稳定性（小干扰稳定性）或暂态稳定性进行分析。动态模型的定义是为了确保电力公司所使用的不同供应商的软件产品之间的互操作性。

IEC 61970-302 动态中的包分为标准互连包（StandardInterconnections）、标准模型包（StandardModels）、用户定义模型包（UserDefinedModels）。

标准互连包描述了各类设备的标准互连，可以基于与静态潮流模型关联的某一关键类来识别。图 3-3 所示为动态包类与电线包类的互联，其中，同步电机动态类（SynchronousMachineDynamics）与同步电机类（SynchronousMachine）相关联，异步电机动态类（AsynchronousMachineDynamics）与异步电机类（AsynchronousMachine）相关联，3 型或 4 型风力涡轮机动态类（WindTurbineType3or4Dynamics）与电力电子连接类（PowerElectronicsConnection）相关联，电能用户动态类（EnergyConsumerDynamics）与电能用户类（EnergyConsumer）相关联，上述关联提供了将动态模型关联到静态模型的一种方式。图 3-3 中，励磁系统、涡轮调速器、电力系统稳定器、断续励磁控制等详细元件模型，通过与 SynchronousMachineDynamics 的关联提供同步电机标准模型所需的输入输出信号；与 AsynchronousMachineDynamics 关联的有 1 型和 2 型风机模型、机械负荷和调速器模型；与 WindTurbineType3or4Dynamics 关联的有 3 型和 4 型风机模型；详细的负荷模型与 EnergyConsumerDynamics 相关联。

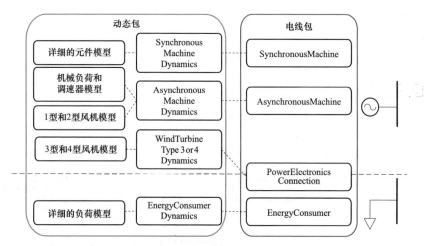

图 3-3　动态包类与电线包类的互联

标准模型包描述标准动态模型，其中表示电力系统元件动态行为的模型包含在以标准方式互连的预定义类库中。标准模型包按照标准功能块进一步划分为同步电机动态包（SynchronousMachineDynamics）、异步电机动态包（AsynchronousMachineDynamics）、涡轮调速器动态包（TurbineGovernorDynamics）、涡轮机负荷控制器动态包（TurbineLoadControllerDynamics）、机械负荷动态包（MechanicalLoadDynamics）、励磁系统动态包（ExcitationSystemDynamics）、过励限制器动态包（OverexcitationLimiterDynamics）、欠励限制器动态包（UnderexcitationLimiterDynamics）、电力系统稳定器动态包（PowerSystemStabilizerDynamics）、断续励磁控制系统动态模型包（DiscontinuousExcitationControlDynamics）、混合 PFVAr 控制器类型 1 动态模型包（PFVArControllerType1Dynamics）、混合电压调整器动态模型包（VoltageAdjusterDynamics）、混合 PFVAr 控制器类型 2 动态模型包（PFVArControllerType2Dynamics）、电压补偿动态模型包（VoltageCompensatorDynamics）、风机动态模型包（WindDynamics）、动态负荷包（LoadDynamics）、高压直流动态包

（HVDCDynamics）、静止无功补偿器动态包（StaticVarCompensatorDynamics）。

用户定义模型包描述了用户自定义的动态模型类，用于支持专有和显式定义的用户定义模型的交换。

2. IEC 61968 包

IEC 61968 包描述了与配电管理系统相关的 CIM 逻辑视图，以支持资产管理、客户管理、工作管理、计量等业务。IEC 61968 包的子包有公共包（Common）、资产包（Assets）、资产信息包（AssetInfo）、工作包（Work）、用户包（Customers）、计量包（Meas）、负荷控制包（LoadControl）、付费计量包（PaymentMetering）。图 3-4 所示为 IEC 61968 中定义的 CIM 包及它们之间的依赖关系。

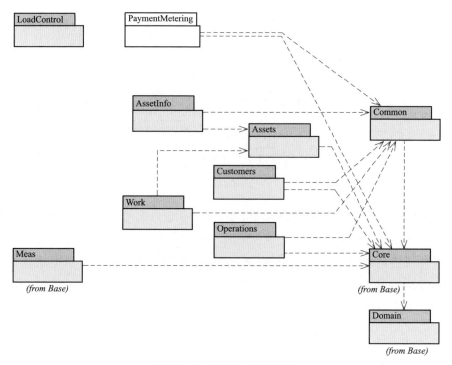

图 3-4　IEC 61968 包图

公共包包含了配网管理通用的信息类。

资产包包括了支持资产管理应用的核心信息类，用于处理众多电网资源的物理特性和其生命周期中的相关记录，而 IEC 61970 电线包中定义的电力系统资源则用于支持网络分析应用。

资产信息包是资产包的扩展，所包含的核心信息类支撑了资产管理、电网规划、工作计划等应用。AssetInfo 子类的属性不仅可以被资产（Asset）或资产模型（AssetModel）引用，还可以被导电设备（ConductingEquipment）引用。

工作包包括了支持工作管理和网络扩展规划应用的核心信息类。

用户包包括了支持用户计费应用的核心信息类。

计量包包括了支持终端设备应用的核心信息类，为计量和楼宇区域网络设备、远程读表功能的具体类。这些类一般关联到用户供电点。

负荷控制包是计量包的一个扩展，包括了支持具体应用的信息类，如使用负荷控制设备的需求侧管理。这些类一般关联到用户供电点。

付费计量包是计量包的一个扩展，包括支持具体应用的信息类，如预付费计量。这些类一般是在一个用户供电点对来自用户的电费进行采集与控制。

3. IEC 62325 包

IEC 62325 包在 IEC 61970 和 IEC 61968 的基础上增加了电力市场成员之间交换数据所需的类，包括计费、出清、结算等市场运行不同阶段的类，如合同、发票、价格、竞价等。图 3-5 为 IEC 62325 中定义的与市场相关的 CIM 包。市场模型划分为市场公共包（MarketCommon）、市场运营包（MarketOperations）、市场管理包（MarketManagement）和环境包（Environmental）等。

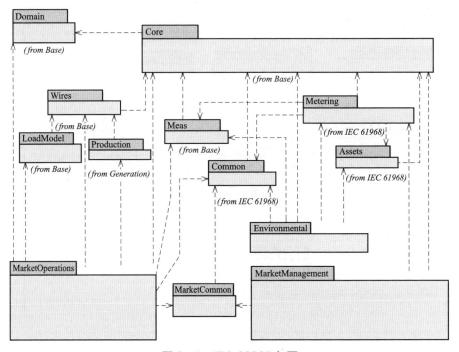

图 3-5　IEC 62325 包图

市场公共包包括了市场运营、市场管理、环境等几个包公用的对象，如市场参与者类（MarketParticipant）、市场角色类（MarketRole）、注册资源类（RegisteredResource）、市场发电机组类（MktGeneratingUnit）、环境监视站点类（EnvironmentalMonitoringStation）、资源容量类（ResourceCapacity）。

市场管理包是根据市场管理系统的需求进行的 CIM 市场扩展，所定义的类与能量管理系统和配电管理系统中的 CIM 类有依赖关系。

市场运营包是根据市场运营系统的需求进行的 CIM 市场扩展。图 3-6 为市场运营包及其子包与其他包的依赖关系。市场运营包包括阻塞收入权包

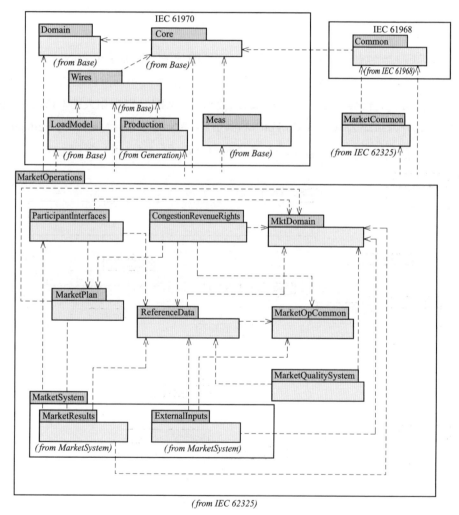

图 3-6 IEC 62325 中市场运行包所包含的子包

（CongestionRevenueRights）、市场运营公共包（MarketOpCommon）、市场计划包（MarketPlan）、市场质量系统包（MarketQualitySystem）、市场系统包（MarketSystem）、市场域包（MktDomain）、参与者接口包（ParticipantInterfaces）、参考数据包（ReferenceData）。市场系统包（MarketSystem）又进一步划分为外部输入包（ExternalInputs）、市场结果包（MarketResults）。

环境包构建了通常用于描述环境（天气）条件（包括预测、观测、量测、现象和报警）的模型。环境域包为环境包的子包，定义了环境相关的域。

二、CIM 类结构

CIM 类之间有三种基本静态关系，分别为泛化、聚集和关联。

1. 泛化

泛化是普遍类与具体类之间的一种关系，具体类继承了普遍类的所有属性和关联。图 3-7 所示为泛化关系的类图示例。设备类（Equipment）继承了电力系统资源类（PowerSystemResource），导电设备类（ConductingEquipment）继承了设备类（Equipment），开关类（Switch）继承了导电设备类（ConductingEquipment），保护开关类（ProtectedSwitch）、刀闸类（Disconnector）继承了开关类（Switch），而断路器类（Breaker）继承了保护开关类（ProtectedSwitch）。在最新版的 CIM UML 信息模型中，电力变压器类（PowerTransformer）是继承了导电设备类（ConductingEquipment）的另一个更具体的类型。注意，电力系统资源类（PowerSystemResource）是从标识对象（IdentifiedObject）类继承的，而 IdentifiedObject 类并不在图 3-7 的类图中，所以 IdentifiedObject 类在电力系统资源类的右上角用斜体表示。

2. 聚集

CIM UML 信息模型使用聚集关系表示整体类和部分类之间的关系，整体类由部分类"构成"或"包含"部分类，而部分类是整体类的"一部分"。图 3-8 为包含了聚集关系的一个设备容器结构类图示例，图中虚线框为几个类之间的聚集关系。1 个 Equipment 可以是 0 或 1 个 EquipmentContainer 对象的 1 个成员，但是 1 个 EquipmentContainer 对象却可包括任意个 Equipment 对象。Bay、VoltageLevel、Substation、Line 和 Plant 都是 EquipmentContainer 的子类。一般情况下，Bay 包含在 1 个 VoltageLevel 中，进而又被包含在 Substation 中。Bay 也可以直接包含在 Substation 中。1 个 VoltageLevel 对象必须是 1 个 Substation 对象的成员。Substation 和 Line 可能包含在 SubGeographicRegion 和

GeographicRegion 中。

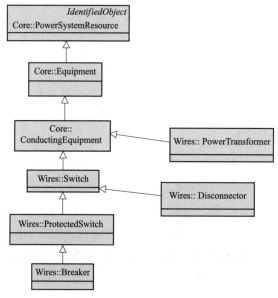

图 3-7　泛化关系的类图示例

3. 关联

关联是类之间的一种概念上的联系。每一种关联都有两个"关联端"。在 CIM 中，关联是没有命名的，只有关联端是命名的。关联端常常给定为目标类的名字，可以带或者不带动词词组。每个关联端还有重数/基数，用来表示有多少对象可以参加到给定的关系中。例如，如图 3-9 所示，在 CIM 中，BaseVoltage 类和 VoltageLevel 类有关联。重数在关联的两端都有显示。在这个例子中，1 个 VoltageLevel 对象可以引用 1 个 BaseVoltage，而 1 个 BaseVoltage 可被 0 个或者多个 VoltageLevel 对象引用。

三、CIM 模型例子

本部分以图 3-10 所示的一个简化示例变电站为例，说明对该变电站进行建模时涉及的 CIM 类。示例变电站中的对象类别包括了发电机、变压器、母线、断路器、隔离开关、线路、负荷，以及进行量测的电流互感器。

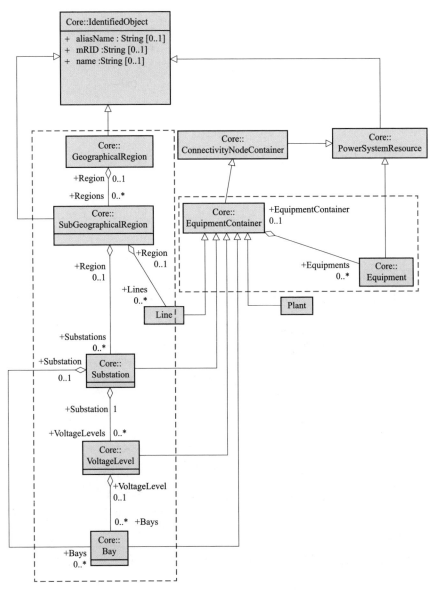

图 3-8　包含聚集关系的一个设备容器结构类图示例

图 3-9　关联的例子

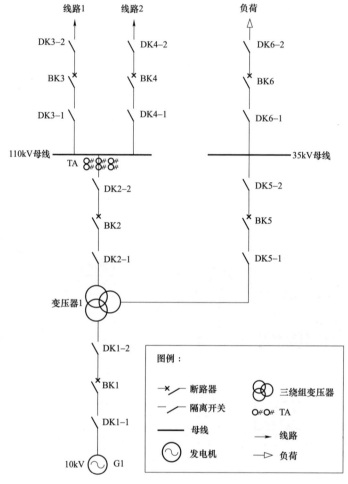

图 3－10　示例变电站的接线图

下面从变电站内主要对象的命名、设备的层次结构、拓扑连接关系的映射等几个方面来说明从设备对象到 CIM 类的映射过程。

1. 对象的命名

IdentifiedObject 类的属性 mRID 为一个对象实例的全局唯一机器可读标识符，name 属性为对象命名了人可读但可能是不唯一的任意文字。由于 CIM 中大部分的类都继承了 IdentifiedObject，因此 IdentifiedObject 类可用于 CIM 对象的命名。

对于同一个对象可能存在于多个系统中的情形，可利用图 3−11 所示的 Name 类图实现对象命名的灵活扩展。1 个 IdentifiedObject 对象可关联 0 个或多个 Name 对象。Name 定义了对象的名字，NameType 说明名字的类型，NameTypeAuthority 可用于说明发布这个名字的机构。例如一个对象可以有多个名字，公司 A 发布该对象的本地名称 X1，即 Name 为"X1"，NameType 为"本地名称"，NameTypeAuthority 为"公司 A"。同时该对象还有一个公司 B 发布的本地名称 Y1，即 Name 为"Y1"，NameType 为"本地名称"，NameTypeAuthority 为"公司 B"。

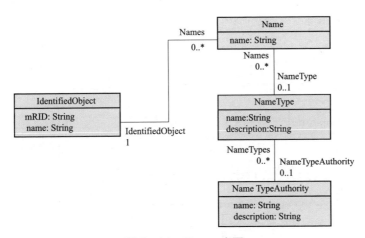

图 3−11　Name 类图

2. 设备对象到 CIM 类的映射

图 3−12 为 CIM 中设备的继承层次模型，变电站中的大多数设备都继承自导电设备类（ConductingEquipment），组合开关类（CompositeSwitch）继承自设备类（Equipment）。使用这种继承层次结构可以很方便地为新的设备类定义 CIM 类，新的设备类以继承现有 CIM 类的方式从通用的 PowerSystemResource 到最后一层 CIM 类进行泛化，直至所需的详细程度。

图 3−10 所示例中的断路器、隔离开关、负荷、母线映射为 Breaker、Disconnector、EnergyConsumer、BusbarSection，发电机映射为 SysnchronousMachine 和 GeneratingUnit，线路映射为 ACLineSegment 和 Line，变压器映射为 PowerTransformer 和 PowerTransformerEnd，如图 3−13 所示。

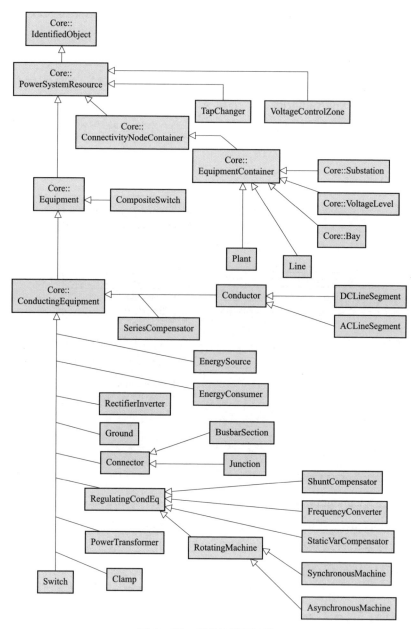

图 3-12　设备的继承层次

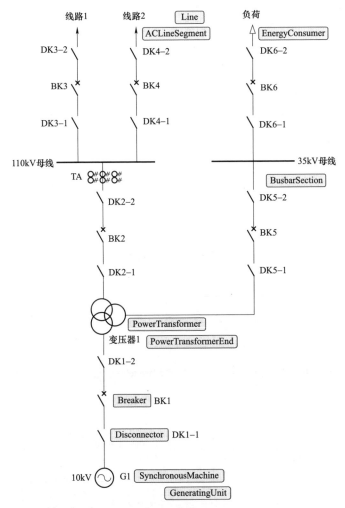

图 3-13 变电站设备类到 CIM 类的映射

发电机映射为 CIM 中的同步电机类（SynchronousMachine）和发电机组类（GeneratingUnit）。SynchronousMachine 类为导电设备类的子类，表示电网中同步运行的电机设备。SynchronousMachine 对象与 1 个 GeneratingUnit 实例相关联。GeneratingUnit 不用于表示与电网物理连接的设备，而是用于表示将机械能转换为交流电能的单个或一组同步电机。在实例化中，常对 GeneratingUnit 的子类进行实例化，如 HydroGeneratingUnit、ThermalGeneratingUnit 等。

线路映射为 CIM 中的交流线段类（ACLineSegment）和线路类（Line）。一条线路可由多条线路段组成，根据图 3-12 所示的继承层次结构，ACLineSegment

是 Equipment 的子类，Line 是 EquipmentContainer 的子类，Line 与 ACLineSegment 之间为聚合关系。对于高级应用分析来说，ACLineSegment 需要有描述线段整个长度的阻抗和导纳的属性，包括正序、零序的参数。

在 CIM15 版本之前，变压器映射为 CIM 中的电力变压器类（PowerTransformer）和变压器绕组类（TransformerWinding），其中 TransformerWinding 类为导电设备类的子类，PowerTransformer 为设备类的子类。PowerTransformer 与 TransformerWinding 为聚合关系，即 1 个 PowerTransformer 对象包含了 0 个或多个 TransformerWinding 对象，如图 3-14 所示。如果变压器为可调变压器，则 TransformerWinding 对象聚合了多个分接头调节器（TapChanger）实例。

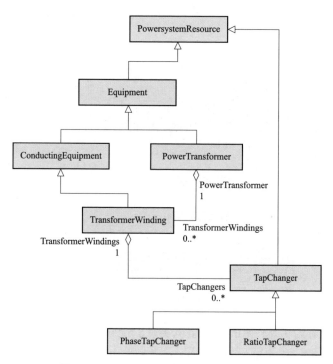

图 3-14　CIM15 版本之前的变压器模型

图 3-15 所示的 CIM15 之后的版本中，为支持在平衡与非平衡模型中使用相同的实例模型，PowerTransformer 类修订为导电设备的子类，具有多个端点，以更加直接地对有一个、两个、三个或者更多端点的变压器进行建模。PowerTransformer 运行时将电能从它的一个端点传输到另一个端点。

CIM15 版本之前的 TransformerWinding 则更名为 PowerTransformerEnd。

PowerTransformerEnd 是 TransformerEnd 的子类，表示变压器内部配置的模型。PowerTransformerEnd 与端点相关联。

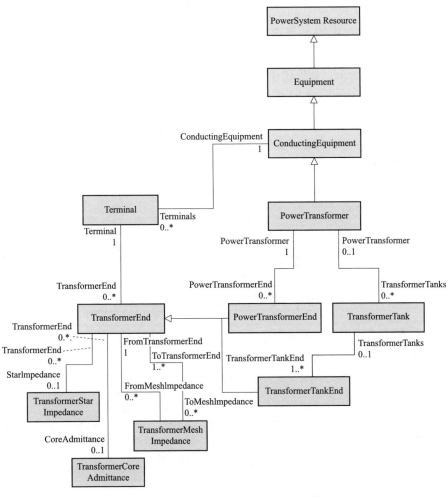

图 3-15 CIM15 版本之后的变压器模型

PowerTransformer 也可以根据需要对变压器箱体细节进行建模，用于详细描述变压器内部绕组的相别连接和不平衡。在任何情况下，一个 PowerTransformer 建模了在同一物理位置上的一组物理设备，它们共同实现端点之间的电能变换。对于输电系统，三个物理单相设备通常通过一个 PowerTransformer 实例来表示。若需描述单个单相设备的细节，应对 TransformerTank 对象进行额外建模。

变压器的阻抗和导纳需明确是星形的还是三角形的。CIM15 版本之前的阻抗和导纳是放在一次绕组上，二次绕组上的值为 0。CIM15 版本之后，阻抗和导纳可以定义一次并在多个实例中重复使用，反映了在配网中多个实例所使用的公共值目录的概念。

1 个 TransformerEnd 对象可以与 0 或 1 个 PhaseTapChanger 对象以及 0 或 1 个 RatioTapChanger 对象关联。

如图 3-16 所示，根据图 3-15 所示的变压器模型，图 3-10 所示例中的三绕组变压器在实例化中对应了 1 个 PowerTransformer 实例、3 个 Terminal 实例、3 个 PowerTransformerEnd 实例、1 个 RatioTapChanger 实例、1 个 TransformerCoreAdmittance 实例、3 个 TransformerMeshImpedance 实例，图中白色的小圈表示 Terminal。

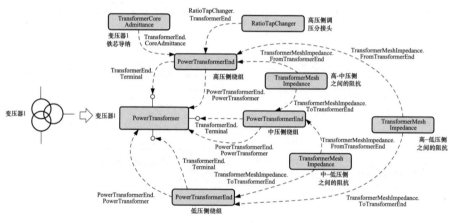

图 3-16　变压器建模示例

3. 连接关系

导电设备之间的连接关系根据图 3-17 所示的 Topology 类图来建立。导电设备的连接关系通过 Terminal 和 ConnectivityNode 这两个类来建立。1 个 Terminal 必须关联 1 个 ConductingEquipment，但 ConductingEquipment 可能有任意数目的 Terminal。每个 Terminal 可与一个 ConnectivityNode 关联，而 ConnectivityNode 是导电设备端点通过零阻抗连接在一起的点。1 个 ConnectivityNode 可以与任何数目的端点相连。根据 Terminal 和 ConnectivityNode 的关系以及实际开关的开合

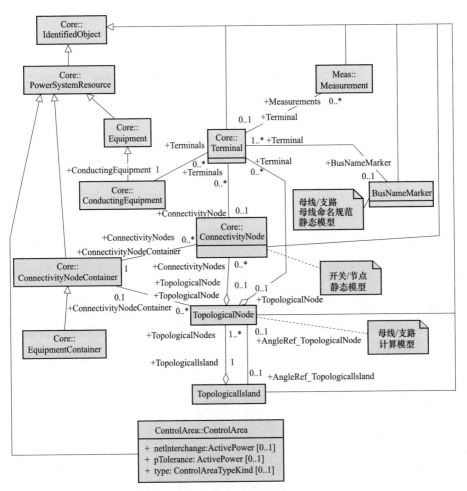

图 3 - 17　拓扑类图

状态，进行拓扑处理可建立 TopologicalNode 和 TopologicalIsland，TopologicalNode 聚合了所有它所关联的 ConnectivityNode。Breaker、Disconnector、BusbarSection、PowerTransformer、ACLineSegment、EnergyConsumer 都是 ConductingEquipment 的子类，因此也继承了 ConductingEquipment 与 Terminal 的关联关系。

图 3 - 18 以 BK1、DK1 - 1、DK1 - 2 三个设备如何建立拓扑连接关系为例。图 3 - 18 中，白色的小圈表示 Terminal，蓝色圆圈表示 ConnectivityNode，从图中可看出，两个导电设备之间通过 Terminal - ConnectivityNode 实现相互连接。

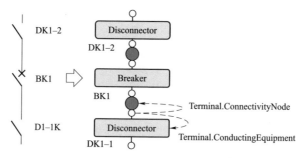

图 3-18　设备连接关系示例

4. 容器结构

图 3-8 为设备容器的层次结构。本例中，将变电站映射为 Substation 类，变电站内的 3 个电压等级映射为 VoltageLevel 类，每个 VoltageLevel 对象关联一个 BaseVoltage 实例，说明该电压等级的基准电压信息。

5. 量测和控制

量测用来表示工业过程中的状态变量。电力系统通常有功率潮流、电压、位置信息（如断路器、隔离装置）、故障指示（气压、过温油压等）、计数（如电能）等。量测也可由 SCADA 或 EMS/DMS 功能计算出来，如状态估计或潮流计算。因此，一个量测可能有许多可供选择的值（例如，人工置数、远动值、状态估计值、优化值等）。本例中，电流互感器采集的状态变量映射为量测类（Measurement），采集到的具体值映射为量测值类（MeasurementValue）模型。如果需要交换关于此量测的状态估计或潮流计算结果，则可用状态变量（StateVariable）包中定义的类进行交换。

图 3-19 为量测模型。1 个 PowerSystemResource（PSR）可以关联 0 个到多个量测，每种量测可能有 1 个或者多个量测值。1 个 PowerSystemResource 关联的 Measurement 通过 Measurement 的 measurementType 属性来分类，表 3-1 列出了部分量测类型，以及 IEC 61970 量测类型名字与 IEC 61850 的命名对照。

与连接性无关的 Measurement，如温度、重量、大小，可以只使用 Measurement 与 PowerSystemResource 的关联。但是若要明确网络中 Measurement 的位置，则需要 1 个 Measurement 与 Terminal 的关联，如潮流、电压、电流。电压没有方向，因此可以附加在相关传感器的任何合适的位置上。潮流具有方向，必须明确说明潮流正方向的位置。本例中，假设量测为有功，量测具有与 DK2-2 的关联（Measurement.PowerSystemResource），还具有与 DK2-2 的一个端点的关联（Measurement.Terminal），如图 3-20 所示。

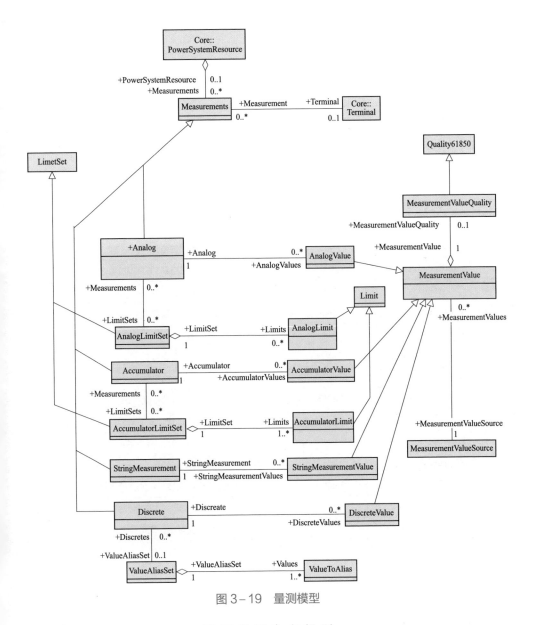

图 3-19 量测模型

表 3-1 量 测 类 型 命 名 规 则

量测类型名字	61850 名字	说明
Current	Amp	非三相电路的电流（r.m.s）
ThreePhaseCurrent	AvAmps	三相电路的总电流（r.m.s）

量测类型名字	61850 名字	说明
PhaseCurrent	A	测量的相电流
Frequency	Hz	频率
PowerFactor	PwrFact	非单相的功率因数
ThreePhasePowerFactor	TotPF	三相电路的平均功率因数
ThreePhaseApparentPower	TotVA	三相电路的总视在功率
ThreePhaseReactivePower	TotVAr	三相电路的总无功功率
ThreePhaseActivePower	TotW	三相电路的总有功功率
ApparentPower	VoltAmp	非三相电路的视在功率
ReactivePower	VoltAmpr	非三相电路的无功功率
Voltage	Vol	非单相的电压（r.m.s）
ActivePower	Watt	非三相电路的有功功率
Pressure	Pres	压力
Temperature	Tmp	温度
Angle	Ang	电压、电流的相角
ApparentEnergy	TotVAh	视在电量
ReactiveEnergy	TotVArh	无功电量
ActiveEnergy	TotWh	有功电量
Automatic	Auto	自动运行（非手动）
LocalOperation	Loc	当地运行（非远动）
SwitchPosition	Pos	开关位置（2bits＝intermediate，open，closed，ignore）
TapPosition	TapPos	电力变压器或移相器的分接头位置
Operation	Count	运行计数－主要指开关
LineToNeutralVoltage		线对中性点电压
LineToGroundVoltage		对地电压

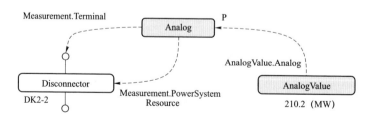

图 3-20　量测连接示例

图 3-21 为该示例变电站映射到 CIM 的完整结果。虚线方框为 Substation，下一级容器为 VoltageLevel，示例中没有 Bay 的实例。

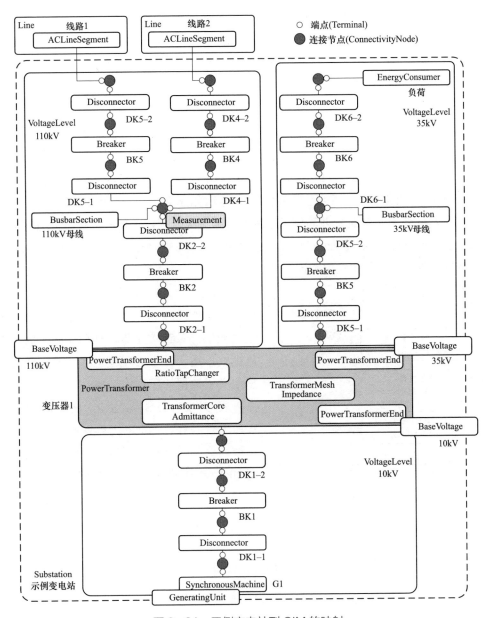

图 3-21　示例变电站到 CIM 的映射

第二节 CIM 子 集

CIM 具有 1000 多个类以及数千个关联和属性。这些类之间关联的基数为 0..1 或 0..n，所有属性都是可选的。这就导致了基于 CIM 有多种方式来表示数据，而且所有这些方式都是有效的，但是在交付给其他应用使用时却会出现不兼容的问题。此外，CIM 的一个具体实现可能并不需要包括 CIM 中所有的类、属性或关联。因此，针对特定环境可以使用 CIM 的子集。

子集是满足特定类型接口所需的部分 CIM 类、关联和属性的集合。CIM 子集是对包罗万象的 CIM 针对一个具体实现（如交换）进行限制的描述。子集描述了文件或消息中可能被交换的有效载荷部分。每个子集都是类、属性和关联以及附加限制的集合，例如强制属性或限制关联的基数。

制定并使用子集改善并简化了系统的数据集成。制定子集的最终结果通常是关于实现的具体模式，例如 XSD 模式或 RDF 模式。这些模式可用于实现、验证或者辅助支持业务流程的实例数据交换。

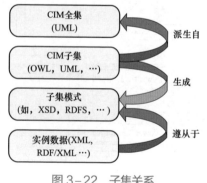

图 3-22 子集关系

CIM 全集、CIM 子集、模式和实例数据的关系如图 3-22 所示。一个特定的子集"派生自"CIM 全集，然后子集生成子集模式，用于派生实现模型，这些实现模型定义了数据的序列化结构。

表 3-2～表 3-4 示出了子集制定过程所涉及的 IEC 标准和万维网联盟（W3C）标准。这些标准描述了发展至今的领域模型和配套子集标准。CIMTool、Sparx Enterprise Architect 和 CIMContextor 等工具可以帮助定义子集和生成标准的模式文件。IEC 62361-100 CIM 子集到 XML 模式的映射，定义了子集如何映射到 XSD；类似地，IEC 61970-501 描述了如何从一个子集定义生成 RDFS。随着新的用例或需求的提出，也将制定新的子集标准。

表 3-2　　　　　　　　　　　IEC 61970 标准的子集制定

标准类型	配套标准	说明
CIM 全集	IEC 61970-301	基础电力系统模型

续表

标准类型	配套标准	说明
CIM 全集	IEC 61970－302	基础动态模型
CIM 子集	IEC 61970－452 IEC 61970－453 IEC 61970－456 IEC 61970－457	每个子集标准基于一个用例定义一个子集
IT 模式	IEC 61970－501	W3C RDF 简化模式描述了简化 RDF 模式是如何生成和使用的
实例数据	IEC 61970－552 IEC 61970－555 IEC 61970－556	说明如何生成 CIM XML、CIM/E、CIM/G 的有效载荷

表 3－3　　　　　　　　　IEC 61968 标准的子集制定

标准类型	配套标准	说明
CIM 全集	IEC 61968－11	基础配网模型
CIM 子集	IEC 61968－3～IEC 61968－14，其中 CDPSM 子集在 IEC 61968－13、IEC 61970－456 和 IEC 61968－4 中	每个子集标准定义了一组基于一个运行系统及其用例的消息传递子集
IT 模式	W3C XSD IEC 62361－100 IEC 61968－100	W3C XSD 标准描述了 XSD 是如何生成和使用的。 IEC 62361－100 配套标准描述了 CIM XML 消息有效载荷中 XSD 到 XML 的映射。 IEC 61968－100 配套标准描述了包括消息头和有效载荷的消息封套
实例数据	W3C XML	描述 XML 格式的 W3C XML 标准

表 3－4　　　　　　　　　IEC 62325 标准的子集制定

标准类型	配套标准	说明
CIM 全集	IEC 62325－301	基础市场模型
CIM 子集	IEC 62325－351 IEC 62325－450 IEC 62325－451－× IEC 62325－452－×	提供了子集制定指南（IEC 62325－351 和 IEC 62325－450），每个子集标准定义了基于用例的一个子集（IEC 62325－451－×或 IEC 62325－452－×）
IT 模式	W3C XSD IEC 62361－100	W3C XSD 标准描述了 XSD 是如何生成和使用的。 IEC 62361－100 配套标准描述了 CIM XML 消息有效载荷中 XSD 到 XML 的映射
实例数据	W3C XML	描述 XML 格式的 W3C XML 标准

一、IEC 61970 子集

1. IEC 61970 子集体系结构

IEC 61970 定义了多个子集。图 3-23 表示了 IEC 61970-452～IEC 61970-457 所描述的子集和它们之间的关系，每个部分定义了一组子集。

（1）IEC 61970-452 为稳态网络模型子集。IEC 61970-452 规定了在参与互联电力系统的控制中心之间交换稳态电力系统数据所需的 CIM 特定子集，这样各方都可以访问其相邻系统的模型，而这对运行状态估计或潮流应用非常必要。稳态网络模型子集描述了电力系统物理元件及其电气连接的稳态建模信息，也称为公共电力系统模型（Common Power System Model，CPSM）；IEC 61968-13 在该子集基础上进行扩展，形成了公共配电系统模型（Common Distribution Power System Model，CDPSM）。IEC 61970-452 定义了如下子集：

1）核心设备子集（Core Equipment，EQ-CO），规定了电网模型的物理特性，如阻抗、连通性等。

2）运行子集（Operation，EQ-OP），规定了与运行相关的数据，如限值、电压调节等。

3）短路子集（Short Circuit，EQ-SC），规定了短路计算所需的电气特性。

（2）IEC 61970-453 图形布局子集。IEC 61970-453 规定了交换包含接线图数据的图形布局信息，允许图形布局数据和领域数据独立地进行交换。IEC 61970-453 定义了：图形布局子集（Diagram Layout，DL），描述了图形或地理显示的元素。通常，当有新元素加入网络模型时，图形将要被修改。

（3）IEC 61970-456 电力系统状态解子集。IEC 61970-456 描述了一个电力系统断面稳态解所需要的 CIM 子集，例如潮流或状态估计应用所产生的解。IEC 61970-456 中定义了如下子集：

1）稳态假设子集（Steady State Hypothesis，SSH），为执行潮流计算所需的输入变量。此外，SSH 实例文件中的所有对象必须有持久的 mRID。

2）拓扑子集（Topology，TP），描述了母线-支路模型。拓扑模型为对节点-断路器模型、SSH 输入进行拓扑分析而产生的结果。

3）状态变量子集（State Variables，SV），为状态估计或潮流的结果，或者是状态变量的初始条件。

（4）IEC 61970-457 动态子集。IEC 61970-457 中定义了动态模型子集，以支持电力系统静态稳定性分析（小干扰稳定性）和暂态稳定性分析。IEC 61970-457 定义了动态子集（Dynamics，DY），该子集在静态模型上增加动态行为模型。图 3-23 中"ref"和"opt.ref"用于说明实例数据层级上可能的依赖，"ref"表示两个子集实例之间的引用关系，"opt.ref"为可选的引用关系。TP 子集、SSH 子集、DY 子集、DL 子集的实例数据引用了符合 IEC 61970-452 子集的实例数据；SV 子集实例数据引用了符合 TP 子集的实例数据；DL 子集实例数据对 DY 子集实例数据、TP 子集实例数据的引用是可选的；SV 子集实例数据对 SSH 子集实例数据的引用是可选的。图 3-23 还显示了 CGMES 中的边界设备子集（EQ-BD）、边界拓扑子集（TP-BD）、地理位置子集（GL）与上述各个子集的关系。

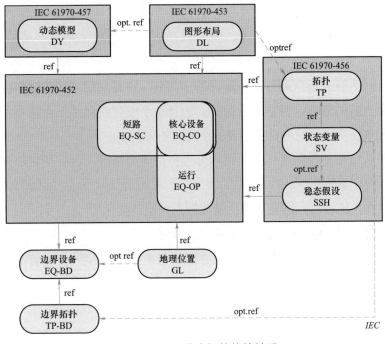

图 3-23　子集之间的依赖关系

子集实例文件应在文件头列出描述实例数据的所有子集，以便应用程序可以加载所需的所有子集模式以验证实例数据。"ref"关系可以添加到子集模式，使得使用实例数据的应用可以用该信息来加载所有需要的子集模式。

IEC 61970 的子集模式为 IEC 61970-501 中定义的 RDFS。基于 RDFS 的子集广泛用于大规模网络数据模型交换，无论是全模型还是其增量模型。RDFS 语法本身十分简单，并且该语言允许本体的定义及其之上的推理。实例数据依照 RDFS 的有效载荷序列化格式称为 CIM XML，具体定义见第四章。

2. IEC 61970 子集的应用示例

对于一大型互联电网来说，电网的优化运行需要有针对各种特定用途的准确、完整的模型。然而由于电网所有权和电网运行职责是分开的，模型来源涉及不同的部门及企业，这就需要各个应用系统之间快速、准确地实现电网模型的拼接。

如果负责模型源端维护的模型主管部门，即模型权限集（Model Authority Set，MAS）每次提供的都是输入、输出数据的全集，则会产生大量的数据，并对实时交换提出了严峻的挑战。然而，如果利用电网的一些特性，将不变的部分和变化的部分区分开，则可以显著降低数据交换量。存在如下的电网特性：

（1）网络静态模型是数据中最大的一部分。它是系统"建成时"的内在特性，除非有新的建造，否则不会改变。而且这个变化也只是一个很小的数据集合，只有系统初始化时才真正需要一个完整的大模型。

（2）系统拓扑经常变化，但相对来说仍是不频繁的，而且变化部分与全拓扑相比，变化量较小。

（3）每次运行时，潮流计算的量测输入是全部变化的。

（4）每次运行时，解的状态变量都会变化。

因此可以对大型互联电网的模型进行积木式管理，每个 MAS 管理某一个区域的模型，区域内部的模型也分为若干个子集合，即模型部件。模型部件按照子集定义进行组织。图 3-24 为一互联电网模型示例。该互联电网中有三个 MAS：A、B 和 C，MAS A 和 MAS B 分别提供的模型部件包括其所辖区域的 EQ、SSH、TP、SV 子集实例，MAS C 提供的模型部件包括其所辖区域的 EQ 和 TP 子集实例。其中，每个 MAS 的 EQ 部件变化较少，TP 部件会变化，但是变化的量也相对较少，SSH、SV 部件经常变化。

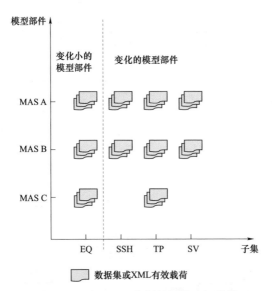

图 3-24 MAS、子集与数据集之间的关系

对于一个基于部件的模型交换，网络模型和拓扑只在它们变化的时候才更新，而且更新以增量而不是重新传输全模型的方式进行，即数据使用者在启动的时候用全网络模型和拓扑进行应用初始化，仅在有变化之后接收更新部分。这将降低数据交换的数据量，方便了数据的管理。图 3-25 示出了一个应用所需的各类数据集是如何随时间进行交换的。该应用在初始化时，获取设备、拓扑、状态变量的全模型；应用按照周期获取状态量的全集合，按照事件触发的方式获取拓扑的增量模型；设备模型的变化则比拓扑变化还少，也是事件触发方式获得设备模型的增量。数据集之间有时间前后顺序关系及模型依赖关系，如 E1.1 是在 E1 之后的一个增量模型，S2 是在 S1 之后一个全模型；T1 是依赖于 E1 的拓扑全模型，T1.2 是依赖于 E1.1 的拓扑增量模型，S5 是依赖于拓扑 T1.2 的状态变量全模型。

基于子集采用模型部件进行电网模型管理和模型交换，可以满足从网络规划到运行的业务需求，最大限度减少数据交换量，为大型互联电网的分析决策提供快速、准确、完整的电网模型。

二、IEC 61968 子集

IEC 61968 中，配电管理由电力企业的各种分布式应用组件组成，图 3-26 按照业务功能说明了 IEC 61968 的范围。接口参考模型（Interface Reference Model，

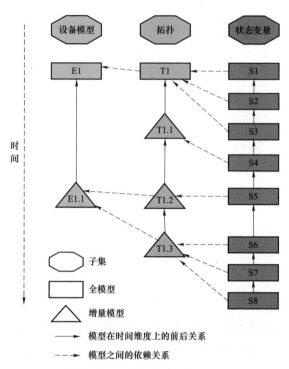

图3-25 基于子集进行的模型交换过程

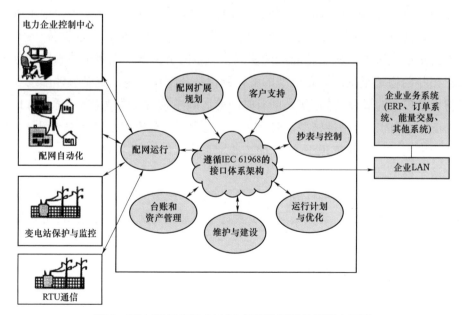

图3-26 遵循 IEC 61968 接口体系结构的配电管理

IRM）对配电管理的业务功能及其子功能进行了划分，如图 3-27 所示，其中 IEC 61968-3 为电网运行接口，IEC 61968-4 为台账和资产管理接口，IEC 61968-5 为运行计划与优化接口，IEC 61968-6 为维护与建设接口，IEC 61968-7 为配网扩展规划接口，IEC 61968-8 为客户支付接口，IEC 61968-9 为抄表和控制接口。IEC 61968-3～IEC 61968-9 部分的接口子集规定了各业务功能的消息有效载荷。消息的有效载荷采用 XML 模式（IEC 61968-3～IEC 61968-9）或 RDF 模式（IEC 61968-13）进行序列化，使其可加载到各种消息传送机制的消息上，如 SOAP、JMS、RESTful HTTP、Web Service（WS）等。

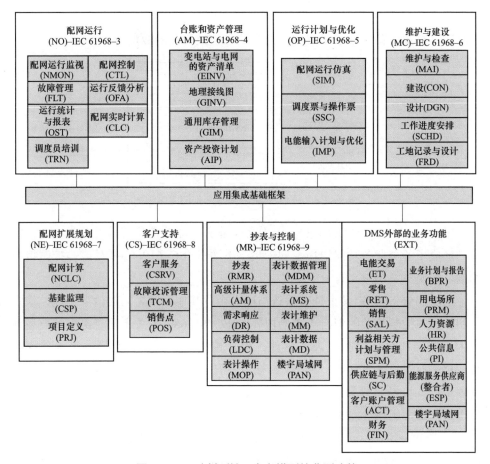

图 3-27　映射到接口参考模型的典型功能

IEC 61968-3～IEC 61968-9 遵循 IEC 62361-100，实现 UML 到 XML Schema 的映射。尽管现有的 XSD 消息子集是完备的，但是这些标准缺少应用于企业集成所需要的详细信息。为了解决这个问题，IEC 61968-100 定义了由下列接口组件组成的公共消息封套：

（1）参与者之间数据交换的内容（或有效载荷）。

（2）消息头和可选的请求/应答结构的内容。

（3）交换中使用的传输的定义。

图 3-28 为 IEC 61968 消息结构的逻辑视图，可以使用具体的实现技术进行消息封套，如 JMS、SOAP 消息定义。IEC 61968 消息由消息头（Header）、请求消息（Request）、响应消息（Reply）、有效载荷（Payload）组成，所有的消息必须有消息头，请求消息是可选的，响应消息只用于说明成功、失败、错误等响应，有效载荷包含了子集定义的与信息交换相关的数据。

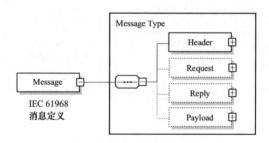

图 3-28　IEC 61968 消息结构的逻辑视图

IEC 61968-3～IEC 61968-9 对各个业务功能的消息有效载荷类型进行定义，形成了各个业务功能语境下的子集。下面以 IEC 61968-9 抄表与控制接口为例，说明 IEC 61968 的子集定义。

IEC 61968-9 定义了抄表系统与电力企业其他系统之间的信息交换，规定了和抄表与控制相关的消息类型的内容。IEC 61968-9 关于消息类型的典型使用为：读表和表计控制、表计事件、用户数据同步和用户切换。表计建模为"EndDevice"（终端设备），一个终端设备有一个唯一的标识符 mRID，是一个物理资产，可发布时间、接收控制请求、收集与报告量测值、参与企业的业务流程。可定义出图 3-29 所示的消息类型。

以 EndDeviceEvents 消息的有效载荷（见图 3-30）为例，该消息载荷派生自 CIM，符合 W3C XSD 格式。EndDeviceEvents 消息有效载荷可能包含 0 个或多个 EndDeviceEvent，EndDeviceEvent 使用 IdentifiedObject.mRID 进行标识，

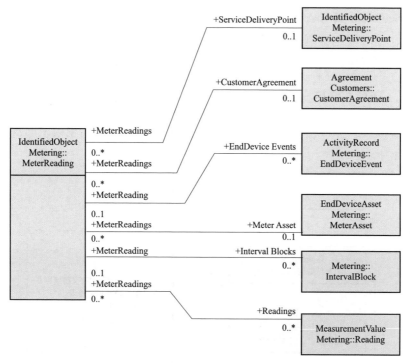

图 3-29 IEC 61968-9 的消息类型

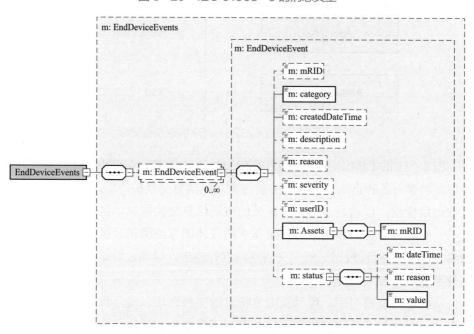

图 3-30 EndDeviceEvents 消息的有效载荷

EndDeviceEvent 又与 Assets 关联。EndDeviceEvents 消息有效载荷可用于持续停电检测、临时停电检测、低电压阈值检测、高电压阈值检测、表计健康检测、篡改检测等事件。

三、IEC 62325 子集

IEC 62325-450 给出了从 CIM 抽象核心概念生成区域语境模型的规则，如图 3-31 所示。

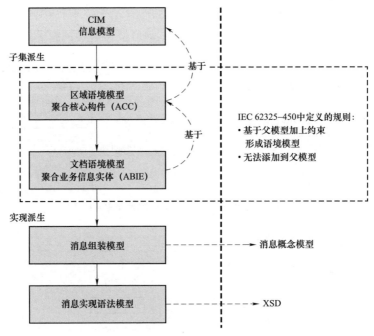

图 3-31　IEC 62325-450 的建模框架

图 3-31 的 CIM 信息模型为 IEC 62325-301 对 IEC 61970 CIM 的扩展，满足市场对参与各种市场业务流程的参与者之间信息交换的需求。根据 CIM 构建区域语境模型，以满足一个给定区域的市场信息交换需求。区域可以是欧洲、北美、亚洲等，也可以是具有特定需求的具体国家或组织。区域语境模型基于 CIM 建立，也可以根据一组定义的规则进行改进，以满足特定的区域要求，但本身不能与 CIM 相矛盾。

从区域语境模型中，可以派生出特定的文档语境以满足特定的信息交换功能要求。派生的文档语境模型不能与区域语境模型相矛盾，但可引入额外的约束，以满足文档使用环境的特定信息要求。

　　最后的建模步骤是用标准化的消息组装规则，从文档语境模型生成消息组装模型，为信息交换提供优化的信息结构。所有特定于语法的电子文档都是从消息组装模型构建的。

　　图 3-32 为应用图 3-31 所示的建模原则建立欧洲型市场子集的示例。基于 IEC 62325-301 CIM 形成对应于欧洲法规和第三方准入、分区市场概念的欧洲型电力市场设计语境模型，即 IEC 62325-351 欧洲型市场子集。基于该区域语

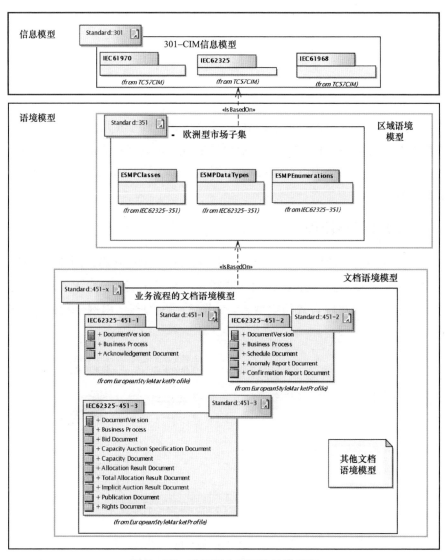

图 3-32　欧洲型市场子集依赖关系

境模型派生出文档语境模型，包括 IEC 62325-451-1～IEC 62325-451-7，分别为 CIM 欧洲市场的确认业务流程和语境模型，CIM 欧洲市场的计划业务流程和语境模型，欧洲市场的输电容量分配业务流程（显式或隐式拍卖）和语境模型，欧洲市场的结算和对账业务流程、语境和组装模型，欧洲市场的问题陈述和状态请求业务流程、语境和组装模型，欧洲型市场的市场信息发布、语境和组装模型，欧洲型市场的平衡流程、语境和组装模型，以及 IEC 62325-451-10 用能数据子集。

第三节　CIM　扩　展

现有的工程实践表明，标准 CIM 还无法完全满足不断发展的电网生产应用需求，需对其进行必要的扩展。CIM 自建立以来已经被扩展过多次，这些扩展或者由 IEC 主导，将 CIM 的范围扩展至新的领域，并最终集成到标准的下一个版本；或者是因电力公司或厂商针对新应用领域的项目，扩展 CIM 以覆盖项目的数据需求。

一、CIM 扩展流程

CIM 扩展应至少基于一个用例，该用例说明了扩展将满足的业务需求。欧洲输电系统运营商联盟（ENTSO-E）提供了一种基于用例分析来发现现有标准中差距的方法，以实现有效的模型管理。图 3-33 为基于用例分析的模型扩展流程。

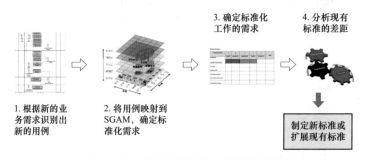

图 3-33　基于用例分析的模型扩展流程

图 3-33 中基于用例分析的模型扩展流程的主要步骤包括：

步骤 1：根据电网研发、示范应用、工程实施中遇到的新问题，识别出这些新的业务需求所对应的新用例。

步骤 2：按照 IEC 62559 的用例模板进行用例编制，识别用例中的参与者、主要场景、场景事件、服务以及参与者之间的信息交换需求。所形成的用例分析结果存入用例库中。

步骤 3：确定需要开展标准化工作的需求。

步骤 4：分析现有标准与标准化工作需求的差距，根据差距分析结果开展标准的制定和修订工作。

用例分析的结果为针对新的业务需求的新标准或是扩展的标准。

二、CIM 扩展原则

从建模的观点来看，当 CIM 要扩展时，应从现有的 CIM UML 模型开始，不能违反 CIM 扩展原则去更改现有的标准 CIM。扩展应尽量在现有的包里。如果扩展包括了新的应用领域，则可对增加的内容建立新的包，将 CIM 扩展结构变为可管理且合乎逻辑的模型部件；但新增的包需要建立与现有的包之间的必要关联。

扩展可采取以下几种方式：

（1）向已有的类中增加额外的属性。

（2）创建新的类，该类继承已有的 CIM 类。

（3）通过建立与已有类的关联来增加新的类。

1. CIM 包扩展原则

自定义的顶层 CIM 扩展包应具有"CIMExt"版型，以将其所有内容标识为标准 CIM 的扩展。顶层的自定义 CIM 扩展包应引入一个新的命名空间。自定义的 CIM 扩展应存在于自定义的顶层 CIM 扩展包的子包中，或者存在于标准 CIM 包中。

2. CIM 类扩展原则

进行 CIM 类扩展时，自定义的 CIM 扩展类和标准 CIM 类之间的关系应尽可能是泛化关系。在选择新的 CIM 扩展类名时，应考虑到与子集名称的潜在冲突。

3. CIM 属性扩展原则

CIM 属性的扩展应遵循以下原则：

（1）CIM 扩展属性是 CIM 扩展类的一部分时，不应使用构造型。

（2）CIM 扩展属性作为标准 CIM 类的一部分时，应使用构造型。

4. CIM 关联扩展原则

CIM 关联扩展应遵循以下原则：

（1）当两个类之间有多个关联时，所有的角色名应该是不同的（见图 3-34）。

（2）当存在自关联时，两个角色名应该是不同的（见图 3-35）。

（3）在关联中如果一个类的角色与被引用的类是明显可区分的，则类名可以用做关联角色名。

（4）如果一个类在关联中的角色与类名不对应，那么类在关联中的角色应包含在它的关联角色名中。

（5）在一个类与多个类相关联的实例中，如果关联另一端的角色名不同，则关联角色名可能重复（见图 3-36）。继承的关联端应有唯一的角色名。

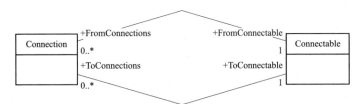

图 3-34　两个类之间有两个关联的例子

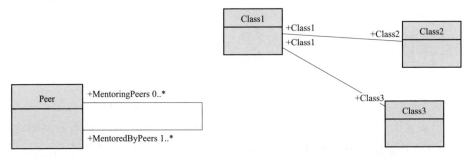

图 3-35　关联的例子　　　图 3-36　允许重复关联端名称的例子

5. CIM 枚举扩展原则

CIM 枚举扩展名称应符合 CIM 类扩展原则，并以"Kind"后缀结束。CIM 枚举扩展应符合 CIM 现有的枚举规则，但存在既有约定的情况除外（例如 SI 单位符号或货币）。

三、与已有数据兼容的 CIM 扩展示例

1. 添加一个新的属性

以一个公用事业公司将数据从已有系统迁移到新的使用 CIM 的系统中为例。现有的数据结构已被映射到 CIM，但需要保留设备数据是否来源于已有系统的相关信息。

这就要求所有的 Equipment 及其所有子类的实例，都要有一个用来标记数据来源系统的属性 fromABCSystem。因此，该属性必须添加至 Equipment 类，然后由其子类继承。扩展的属性必须被标记为一个扩展，这样任何导出就可以选择是否忽略扩展属性。如果使用 XML 导出，扩展属性应放到对应的命名空间下，这样导入就能够正确地识别标准的 CIM 数据及扩展的、非标准的数据。

在图 3–37 中，新增的类 ExtEquipment 有一个新的属性 fromABCSystem，现有的标准 CIM 类 Equipment 从其父类 PowerSystemResource 和 ExtEquipment 类中继承，这意味着所有的 Equipment 的子类将继承这一新的属性，如本示例中的 SynchronousMachine。

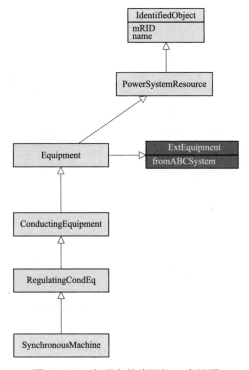

图 3–37　向现有的类添加一个扩展

2. 添加新的类

以两个公用事业公司合并为例，需要将两个公司的系统数据整合成一个单一的模型，同时保留数据来源于哪个公司系统的记录。如上所述，这可通过在 ExtEquipment 类中添加一个 fromABCSystem 属性来实现。但如果需要回溯最初提供所有 Equipment 实例的来源，则需要对数据来源的系统进行建模。

如图 3-38 所示，为此添加一个新的类 ExtOriginalSource，它与 ExtEquipment 有一个关联，该关联将被所有的 Equipment 子类继承。这意味着对于每个提供数据的系统，ExtOriginalSource 只需要创建一次，该关联关系会被所有的 Equipment 实例共享。

这些扩展是公司或项目内部的特定扩展，无需与公司以外的部门共享。用户将不会在 IEC 标准中找到关于它们的定制扩展。

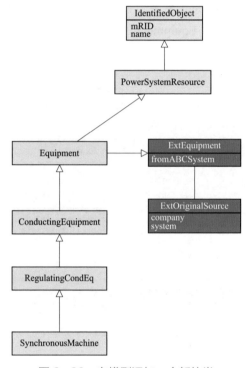

图 3-38　向模型添加一个新的类

四、引入新应用领域的 CIM 扩展示例

以一个公用事业公司的燃气网络建模为例，说明如何扩展 CIM 实现燃气和电力网络的控制与监测功能的集成。这将涉及燃气网络本身的建模，并在二者互联的地点（如燃气电站）融入现有的 CIM 类。

1. 添加新的类

燃气网络中的所有设备，其基类均为 Equipment 类。与导电相关的设备被特化为

ConductingEquipment，与燃气传输相关的设备被特化为 ExtGasTransferEquipment，如图 3-39 所示。

ExtGasTransferEquipment 类又特化为三个子类：
- ExtGasPipe，该类有两个属性，即直径和压力。
- ExtGasometer，表示燃气存储点，有一个定义其容量的属性。
- ExtGasSupplyPoint，定义管网上的燃气供应点。

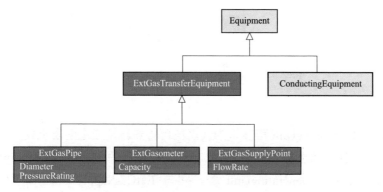

图 3-39　燃气传输 Equipment 类

2. 特化现有的类

在这个示例中，需要添加一个定义所供燃气信息的类。CIM 已经包含了与 ThermalGeneratingUnit 相关的 FossilFuel 类，如图 3-40 所示。对 FossilFuel 类进行特化扩展，形成 ExtNaturalGas 类以定义天然气。

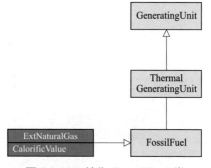

图 3-40　特化 FossilFuel 类
形成 ExtNaturalGas 类

ExtNaturalGas 类扩展了燃气网络建模所需的额外属性数据，即燃气的热值（CalorificValue）。通过特化现有的 FossilFuel 类，ExtNaturalGas 类继承了与现有 ThermalGeneratingUnit 类的关联。

3. 指定燃气供应点

作为扩展的一部分，需要明确地对燃气电站中燃气与电力网络之间的连接点进行建模。在图 3-41 中，添加了 ExtGasSupplyPoint 类，这里将在 ExtGasSupplyPoint 类与现有描述发电机的 CIM 类（主要是 ThermalGeneratingUnit 类）之间添加一个关联。

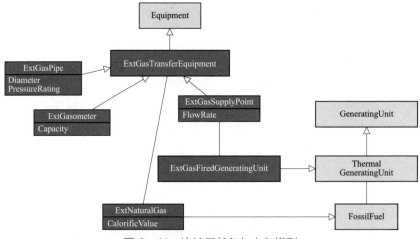

图 3-41 连接天然气与电气模型

ThermalGeneratingUnit 可被认为代表任何将热转换成电的发电站，其燃料可能是煤、气、油或核燃料。如图 3-42 所示，将现有的 ThermalGeneratingUnit 类特化为 ExtGasFiredGeneratingUnit 类，它与 ExtGasSupplyPoint 有一个关联。ExtGasTransferEquipment 类与 ExtNaturalGas 类之间的关联被 ExtGasTransfer Equipment 的所有子类继承，包括 ExtGasSupplyPoint。

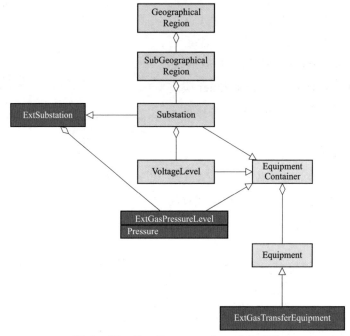

图 3-42 GasPressureLevel 容器类

4. 燃气容器

现有的表示 CIM 容器的地理区域（GeographicalRegion）和包含 Substation 的子地理区域（SubGeographicalRegion）同样适用于燃气网络示例，但 VoltageLevel 不适用于包含燃气管道和燃气表。因此，需要一个与 VoltageLevel 等效的燃气容器 ExtGasPressureLevel。

ExtGasPressureLevel 类似于 VoltageLevel，用于包含燃气设备。它属于一个 Substation，因此必须对现有的 Substation 类进行扩展，以包含它与新的 ExtGasPressureLevel 类之间的聚集关联，用于反映类似于 Substation 与 VoltageLevel 之间的关系。

如图 3-43 所示，为了向 Substation 添加这个新的聚集关联，增加了 ExtSubstation。Substation 继承了 ExtSubstation，同时 Substation 仍按标准 CIM 从 EquipmentContainer 继承。当在一个上下文模型中使用该结构时，ExtGas PressureLevel 可以对继承自 EquipmentContainer 的聚集关联进行限制，这样它可以只包含 ExtGasTransferEquipment（Equipment 的子类）的实例。另一种比较合

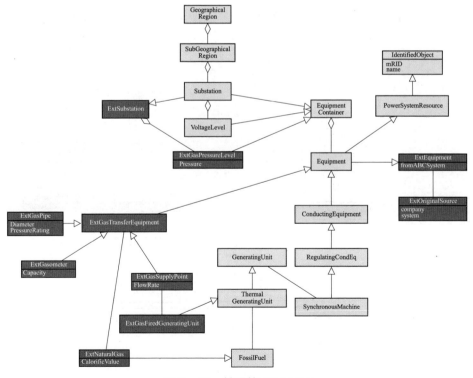

图 3-43 扩展的 CIM UML

适的方式是在 ExtGasPressureLevel 与 ExtGasTransferEquipment 之间形成一个关联。但是本例采用的方式是重用了现有的 CIM 容器层次结构。

本例对 CIM UML 进行了如下几个方面的扩展：

（1）用于记录遗留数据来源信息的属性和类。

（2）特化现有描述化石燃料和机组的 CIM 类。

（3）一个用于燃气网络建模的新的类层次结构。

（4）扩展 CIM 容器类，以提供一个并行的燃气容器结构。

对现有 CIM 类的所有扩展都通过泛化实现，并且未在现有的 CIM 类上添加任何属性和关联。所有的扩展都可以标识，因此实现该扩展模型的系统仍能通过忽略扩展数据的方式来导出标准的 CIM，或者是将特化的类转换成一个标准的表示，例如将 ExtGasFiredGeneratingUnit 导出为一个 Thermal GeneratingUnit，忽略在 ExtGasFiredGeneratingUnit 类中引入的任何属性和关联。

引入的所有扩展如图 3−44 所示。Equipment 的扩展添加了 fromABCSystem

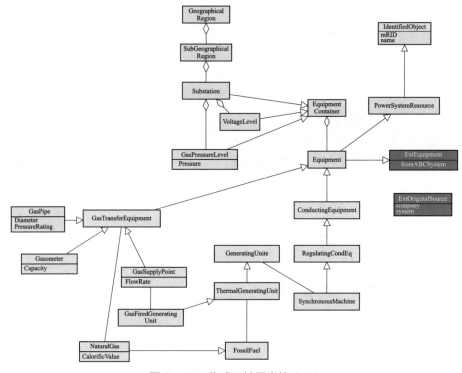

图 3−44　集成了扩展类的 CIM

标识，并且 ExtOriginalSource 类可以被认为是内部扩展。另一类扩展添加了燃气网络，这被认为是全局扩展，因为它涉及其他同样运营燃气网络的公用事业公司。

图 3－44 所示为集成了扩展类的 CIM。类似燃气网络类对标准的扩展将减少公用事业公司及相关供应商维护一个自定义数据模型的复杂度、时间和成本。

第四章

CIM 信息交换格式

电力信息系统之间基于 CIM 进行电网模型交换时，常采用 XML 格式的文档。这种模型信息交换的方式是 IEC 61970 标准定义的 CIS 的一种技术映射。IEC 61970-501 定义了基于 CIM 的模型信息交换的格式和规则，这些格式和规则被称为 CIM RDF 模式（Schema）。IEC 61970-552 定义了如何基于 CIM RDF 模式交换采用 XML 语言描述的电力系统模型，实际应用时常被称为 CIM/XML 文档。为了提高模型和图形文档的交换效率，基于 IEC 61970-552 和 IEC 61970-453 发展了 IEC TS 61970-555 CIM/E 和 IEC TS 61970-556 CIM/G。

CIM/E 实现了大电网模型数据的高效描述和快速解析处理，适用于电网模型在线交换。CIM/G 实现了电网图形的实时解析展示和远程安全浏览。

第一节　CIM RDF 和 XML

RDF 和 RDF Schema 提供了一种将面向对象的设计映射到 XML 的方法，也可以用类似的方式映射 CIM 类结构。CIMTool、Sparx Enterprise Architect 和 CIMContextor 等工具可以将初始的 CIM UML 模型自动生成 RDF Schema。

将 CIM UML 映射到 RDF Schema，从而允许将 CIM 数据对象一对一地映射到 RDF 实例数据。RDF Schema 支持完整的类层次结构和用于 CIM 的子集。RDF XML 提供将 CIM 数据转换为标准 XML 格式的序列化方法。

一、CIM/XML 基本结构

当 CIM RDF Schema 确定以后，EMS 系统中的电网模型可以转化输出为一个 CIM/XML 文档，输出的 CIM/XML 模型交换文档可以被其他系统解析处理并获取其中的模型信息。CIM/XML 文档采用 CIM/RDF Schema 元数据框架构建包含电力系统模型信息的 XML 文档。

　　CIM/XML 电网模型交换格式通常包括一组文档，这组文档中每一个都包含着模型数据和文件头。模型数据的语义和结构由 CIM 模式及模型子集定义。文件头描述文档中包含的模型内容，可能包括作者、拥有或产生该模型的组织、模型产生的时间等，还可能包括当前模型与其他模型之间的关系。文件头与模型数据的相互配合，为电网模型数据交换和基于流程的业务处理提供支持。

　　CIM/XML 文档的根元素为"<rdf:RDF>"。根元素包含对命名空间的引用。命名空间为文档中使用的元素定义一个上下文环境。命名空间是 XML 中的一个机制，用于把对象（如元素和属性）归于一个命名空间，使得这些对象可以独立于其他在不同命名空间内的对象，避免在不同文档中出现相同名称的元素或属性时导致的冲突。元素名称需前缀一个名空间的缩写并紧跟在冒号之后。

　　一个基本的 CIM/XML 文件结构示例如下：

```
<?xml version="1.0" encoding="gb2312"?>
<rdf:RDF xmlns:cim="http://iec.ch/TC57/2011/CIM-schema-cim15#"
  xmlns:rdf="http://www.w3.org/1999/02/22-rdf-syntax-ns#">
  <cim:VoltageLevel rdf:ID="1042696\10.50 千伏">
    <cim:IdentifiedObject.name>10.50 千伏</cim:IdentifiedObject.name>
    <cim:VoltageLevel.highVoltageLimit>10.700000</cim:VoltageLevel.
    highVoltageLimit>
    <cim:VoltageLevel.lowVoltageLimit>9.800000</cim:VoltageLevel.l
    owVoltageLimit>
    <cim:VoltageLevel.MemberOf_Substation rdf:resource="#1042696" />
    <cim:VoltageLevel.BaseVoltage rdf:resource="#000000003" />
  </cim:VoltageLevel>
  <cim:Substation rdf:ID="1042696">
    <cim:IdentifiedObject.name>三环变电站</cim:IdentifiedObject.name>
    <cim:Substation.MemberOf_SubControlArea rdf:resource="#000000002"/>
  </cim:Substation>
  <cim:BaseVoltage rdf:ID="000000003">
    <cim:BaseVoltage.nominalVoltage>10.500000</cim:BaseVoltage.nom
    inalVoltage>
  </cim:BaseVoltage>
</rdf:RDF>
```

根元素为"<rdf:RDF>"，其内部声明了两个命名空间，分别是 CIM 模式的命名空间、RDF 语法的命名空间：

```
xmlns:cim="http://iec.ch/TC57/2011/CIM-schema-cim15#"
xmlns:rdf="http://www.w3.org/1999/02/22-rdf-syntax-ns#"
```

CIM XML 文档主要元素使用的标签及内容如下：

1. 文档

标签写法：

```
<rdf:RDF xmlns:rdf="http://www.w3.org/1999/02/22-rdf-syntax-ns#"
    xmlns:cim="http://iec.ch/TC57/2011/CIM-schema-cim15#
    xmlns:md="cim-model-description-uri">
<!--文档内容-->
</rdf:RDF>
```

2. 定义元素

标签写法：

```
<classname rdf:ID=identity>
<!--内容（literal-property|resource-property|compound-property）*-->
</classname>
<classname rdf:about=resource-uri >
<!--内容（literal-property|resource-property|compound-property）*-->
</classname>
```

示例：

```
<cim:VoltageLevel rdf:ID="1042696\10 千伏">
    <cim:IdentifiedObject.name>10 千伏</cim:IdentifiedObject.name>
    <cim:VoltageLevel.highVoltageLimit>10.700000</cim:VoltageLevel.highVoltageLimit>
    <cim:VoltageLevel.lowVoltageLimit>9.800000</cim:VoltageLevel.lowVoltageLimit>
    <cim:VoltageLevel.MemberOf_Substation rdf:resource="#1042696" />
        <cim:VoltageLevel.BaseVoltage rdf:resource="#000000003" />
```

```
</cim:VoltageLevel>
```

3. 描述元素

标签写法：

```
<rdf:Description rdf:about=resource-uri >
    <!内容(literal-property|resource-property|compound-property)*-->
</rdf:Description>
```

示例：

```
<rdf:Description rdf:about="#SUB_500001">
    <cim:IdentifiedObject.name>试验站</cim:IdentifiedObject.name>
</rdf:Description>
```

4. 复合元素

标签写法：

```
<classname >
    <!--内容（literal-property|resource-property|compound-property）
*-->
</classname>
```

示例：

```
<md:Description>
    <md:Description.name>Administrator</md:Description.name>
</md:Description>
```

5. 文本属性元素

标签写法：

```
<propname>
    <!--内容：文本-->
</propname>
```

示例：

```
<cim:IdentifiedObject.name>10.50千伏</cim:IdentifiedObject.name>
```

6. 复合性质元素

标签写法：

```
<propname>
    <!--内容：（compound）-->
</propname>
```

示例：

```
<md:Model.Creator>
    <md:Description>
      <md:Description.name>Administrator</md:Description.name>
    </md:Description>
</md:Model.Creator>
```

7. 资源性质元素

标签写法： <propname rdf:resource = resource-uri/>

示例： <cim:VoltageLevel.BaseVoltage rdf:resource="#000000003" />

二、CIM/XML 模型分类

电网模型数据有两种形式：全模型和增量模型。系统初始建立时，需要用全模型初始化。随后，可仅传输增量模型以减少处理数据量。

全模型由 FullModel 标签及相关类、属性的定义和描述段构成。FullModel中有替代、依赖、版本、建模机构、描述等属性说明该全模型的特性。

全模型标签写法：

```
<md:FullModel rdf:about=model-uri>
    <!--内容：（literal-property|resource-property|compound-property）
*-->
</md:FullModel>
```

示例：

```
<md:FullModel  rdf:about="http://cimstech.com/2012/v109/grid">
    <md:Model.created>2012-12-24</md:Model.created>
    <md:Model.Supersedes  rdf:resource="http://cimstech.com/2012/v108/
grid"/>
    <md:Model.version>V109</md:Model.version>
    <md:Model.description>Test grid data</md:Model.description>
</md:FullModel>
```

增量模型是初始模型数据全集交换完成后，需要更新、改变时传递的模型。一般而言，这些更新描述为两个全模型间的差异集。

假设有两个基础的 RDF 模型，M1 和 M2，增量模型由四组描述组成，每组封装为一个资源描述序列：

增量头，包含增量模型自身的描述。

前向增量，包含 M2 中有而 M1 中没有的内容。

后向增量，包含 M1 中有而 M2 中没有的内容。

前置条件，包含 M1 和 M2 中都存在并且作为应用要求的增量模型依赖条件。

某个或全部四组都可以为空。增量模型自身表示类型为 dm: DifferenceModel 的资源。

增量模型标签示例：

```
<rdf:RDF xmlns:rdf="http://www.w3.org/1999/02/22-rdf-syntax-ns#"
    xmlns:cim="http://iec.ch/TC57/2011/CIM-schema-cim15#"
    xmlns:dm="http://iec.ch/2002/schema/CIM_difference_model#"
    xml:base="power-system-base-uri">
<dm:DifferenceModel rdf:about=model-uri>
    <!--内容: (literal-property|resource-property|compound-property)*-->
    <dm:preconditions parseType="Statements"  xml:base=" power-system-
base-uri" >
        <!--内容:  (definition description)*-->
    </dm:preconditions>
<dm:forwardDifferences parseType="Statements"  xml:base=" power-system-
base-uri" >
    <!--内容:  (definition description)*-->
```

```
</dm:forwardDifferences >
<dm:reverseDifferences parseType=" Statements" xml:base=" power-
system-base-uri" >
    <!--内容: (definition description)*-->
</dm:reverseDifferences >
</dm:DifferenceModel>
</rdf:RDF>
```

dm:preconditions 表示增量模型前置条件，dm:forwardDifferences 表示增量模型的前向增量，dm:reverseDifferences 表示增量模型的后向增量。如果描述资源"增加"，增量模型仅包含一个前向增量语句；如果描述资源"删除"，增量模型仅包含一个后向增量语句；如果描述资源"更新"，则前向增量和后向增量语句都要包括。

三、CIM/XML 应用

CIM 数据模型的建立为异构系统和不同厂家的应用之间的数据交换提供了可靠和稳定的数据平台，基于 CIM/XML 方式的导入导出是系统和应用之间进行数据交换的主要方式之一。导入导出组件是以 CIM/XML 为载体实现电力系统数据和信息的交换，并在交换的基础上实现不同厂家的各应用的互操作，是 EMS – API 互操作环境下的以 XML 格式表达的 CIM 数据模型的导入和导出软件包。

根据 IEC 61970 – 501 所描述的 CIM/RDF 模式，一个电网系统模型能被转换导出为一个 CIM/XML 文档。CIM/RDF 模式提供了 CIM/XML 文档所使用的资源描述格式。最终的 CIM/XML 模型交换文档能被解析，其中的信息将被导入到一个外部系统。基于 XML 的电网模型数据交换机制如图 4 – 1 所示。

导入过程就是将标准的 CIM/XML 文件转化成应用系统私有的内部数据描述形式。导入的正确性应由特有的校验工具进行校验。导出过程就是将模型从应用系统私有的数据描述格式转化为标准的 CIM/XML 文件格式。该 CIM/XML 文档能够通过浏览器读取，而且必须通过格式校验是否与 XML/RDF 语法一致。

实际上，电力系统模型的任何变化，都可以只传送变化的部分，即增量模型的传送，比如增加新的设备、删除已有设备或修改设备的参数等模型更新信息。这种情况下应导入包含增量模型的 CIM/XML 文件，并进行模型合并，更新电力系统模型。

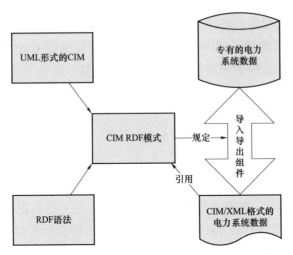

图 4-1 基于 XML 的电网模型数据交换机制

第二节 CIM/E

一、CIM/E 制定背景

基于 CIM/XML 的离线模型交换，描述效率较低，对于中等规模的电网，导入或导出数据库一般需要几分钟，大型电网可能需要十几分钟，难以满足实时在线应用的需求。CIM/E 是在 IEC 61970-301 电力系统公共信息模型的基础上，为解决 CIM 以 XML 方式进行描述时的效率问题而开发的一种新型、高效的电力系统数据描述与交换规范。CIM/E 将电力系统传统的面向关系的数据描述方式与面向对象的 CIM 相结合，既保留了面向关系方法的高效率，又吸收了面向对象方法的特点。大量的工程试验结果表明，对同一电网的 CIM 数据，CIM/E 与 CIM/XML 相比，文件大小只有后者的十分之一左右，处理效率提高近百倍，性能完全能够满足实时在线业务的需要。CIM/E 的主要优点体现在以下两个方面：

（1）对于电力系统用户，CIM/E 效率更高，能够支持在线交换，相邻电网控制中心之间可通过 CIM/E 直接共享电网实时模型数据。上级控制中心可通过 CIM/E 将下级控制中心的模型数据直接拼接成完整的实时模型数据，完成全网实时模型数据共享，从而实现全网在线安全分析、在线预警、辅助决策、裕度评估等一系列在线应用功能。

（2）对于能量管理系统（EMS）开发商，可以采用 CIM/E 实现不同能量管理系统（EMS）系统之间直接共享实时模型数据，减少了原来基于专有格式进行实时交换时的大量数据格式的转换，有利于厂家实现基于 CIM 的实时数据库。

二、CIM/E 格式

根据 CIM/E 类定义模式（CIM/E Schema），电力系统模型能被转换导出为一个 CIM/E 文档，如图 4－2 所示。CIM/E 类定义模板提供了 CIM/E 文档所使用的模式描述格式。CIM/E 模型交换文档在解析后可导入到一个外部系统中。

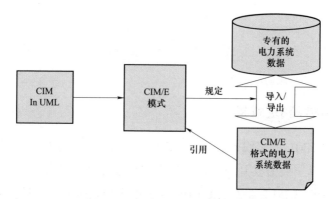

图 4－2　CIM/E 模型交换机制

CIM/E 数据是纯文本数据，主要通过对文本中每行第一个字符或前两个字符的使用，达到规范格式的目的，表 4－1 是 CIM/E 标准中所有用到的符号。

表 4－1　　　　　　　　　　符 号 定 义 表

序号	符号	定义
1	<>	类起始符
2	</>	类结束符
3	<@>	数据块头引导符（横表式）
4	<@#>	数据块头引导符（纵表式）
5	<#>	数据行引导符

序号	符号	定义
6	<!-- -->	注释引导符
7	:	命名空间连接符
8	::	类和实体连接符
9	=	赋值连接符
10	.	名称连接符，父类与子类的连接符
11	*	指针引导符
12	blank	字段分隔符，由一个或连续多个空格或制表符（Tab）组成
13	'	含空格的字符数据，前后加单引号
14	NULL	空字段指示符
15	–	该项数据无变化
16	,	逗号分隔符

CIM/E 数据的格式比较固定，有两种基本结构，即横表式结构、纵表式结构，分别如图 4-3 和图 4-4 所示。

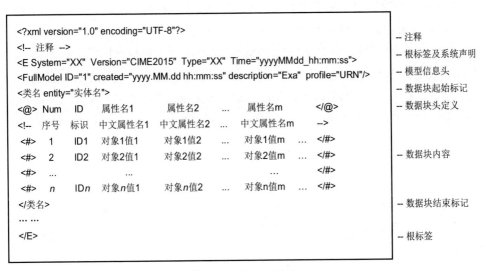

图 4-3　横表式结构

```
<?xml version="1.0" encoding="UTF-8"?>
<!-- 注释 -->                                                              — 注释
<E System="XX" Version="CIME2015" Type="XX" Time="yyyyMMdd_hh:mm:ss">      — 根标签及系统声明
<FullModel ID="1" created="yyyy.MM.dd hh:mm:ss" description="Exa" profile="URN"/>  — 模型信息头
<类名 entity="实体名">                                                        — 数据块起始标记
<@#>  Num    属性名     对象1   对象2   ...   对象m        </@#>              — 数据块头定义
<#>    1      属性1      值11    值12   ...    值1m        </#>
<#>    2      属性2      值21    值22   ...    值2m        </#>              — 数据块内容
<#>    ...       ...                          ...          </#>
<#>    n      属性n      值n1    值n2   ...    值nm        </#>
</类名>                                                                      — 数据块结束标记
...
</E>                                                                         — 根标签
```

图 4-4 纵表式结构

三、CIM/E 模板

CIM/E 不仅可以描述数据内容，而且可以用来对数据格式进行定义，即作为模板使用。CIM/E 的模板功能类似于 XML 中的模式（Schema）功能，主要用于描述数据类包含的属性列表及每个属性的名称、类型、长度、量纲和备注等相关信息。CIM/E 的模板功能一方面可以用于对数据内容进行格式定义，实现数据格式自描述，便于计算机编程实现；另一方面也便于今后属性的扩展。CIM/E 模板是电网模型描述规范的基础，它定义了模型数据中所需要的所有类和属性，类名用来标识数据块，属性名称是文档中的属性行和属性列，用"@"引导。CIM/E 模式可以是 CIM 的子集，也可以是其扩展。

（1）类定义模板。类定义模板 CIM/E Schema 用于对数据格式进行定义。与 XML 模式类似，CIM/E Schema 主要用于描述类及其属性，包括名称、类型、长度、大小、注释等，如图 4-5 所示。CIM/E Schema 的定义便于计算机识别和属性扩展，在必要时可以扩展模板的元属性。CIM/E Schema 可以从 IEC 61970-501 中规定的 CIM RDF 模板导入，反之亦然。

```
<?xml version="1.0" encoding="UTF-8"?>
<E ns:cim="CIM-schema-cim11#" System="*" Code="UTF-8" Time="yyyyMMdd_hhmmss">
...
<Class name="classname1" belongToCategory="Category" ns="cim">
<@> Num   Name      Alias     Type    Unit  Size  Inherit          Range  Multiplicty  maxVal  minVal  Comment  ns </@>
<#>  1    mRid      mRid      String   -     64    IdentifiedObject   -       -           -       -               cim </#>
<#>  2    pathName  pathName  string   -     64    IdentifiedObject   -       -           -       -               cim </#>
<#>  3    rx        rx        float    -     4     -                  -       -           0       1               cim </#>
</Class>
...
</E>
```

图 4-5 CIM/E Schema 定义

CIM/E 模型交换文档使用 CIM 子集解决特定用例的模型交换需求。一个 CIM 子集定义了 CIM/E 文档导入和导出时需处理的 CIM 部分内容。CIM 子集文件中定义了 CIM/E 文件导入或导出者期望的部分 CIM。CIM/E Schema 作为子集文件，其模式只包含该子集定义的类和属性。

类定义模板是采用 CIM/E 横表式结构，包括根元素、系统声明、类定义数据块、枚举类数据块等部分。根元素以<E ns:cim＝"xxx">开始，格式为"ns:shortname＝命名空间全称"，其中"ns"是命名空间标识，不能省略，"："后面是命名空间，如<E ns:cim＝"http://iec.ch/TC57/2003/CIM-schema-cim11#">。根元素由两种数据块组成：类数据块和枚举类数据块，其中类数据块包含了所有类及其属性，枚举类数据块包含了所有可能的枚举类及其枚举值。

CIM/E 模板文件类描述的数据块起始的基本表达方式为：<Class name＝"ClassName"belongsToCategory＝"所属包名"ns＝"名字空间全称">。类名（Class name）为定义类的名称，belongsToCategory 为所属包名，ns 为类所属命名空间，类用到的命名空间应在根标签处声明，其他类相关的属性允许根据需求扩充。类描述数据块头定义中应包含如下的具体内容，并可根据系统情况进行扩展，数据块中的每条记录对应类的一个属性：

1）Name：属性名称，对应于 RDF 模式语言中 rdfs：label 标签。

2）Alias：属性别名，类属性的本地名称。

3）Type：属性类型，对应于 RDF 模式语言中 cims：dataType 标签，如 Integer、Float、String、Timestamp 等。

4）Size：长度，属性的最大字节数。

5）minVal：属性值的最小值，或者其他类型属性的合理值，如年、月、日期、小时、分钟、秒应该在合理的范围。

6）maxVal：属性值的最大值，或者其他类型属性的合理值。

7）Unit：属性的量纲，如 MW、MWh、kV 等。

8）Inherit：继承类名，原始定义该继承属性的父类名称，描述了 CIM 类属性的继承特性，自有属性 Inherit 值为"－"，继承属性 Inherit 值为原始定义该属性的类名。

9）Range：属性值的范围，对应于 RDF 模式语言中 rdfs:range 标签。

10）Multiplicity：关联的多重性，对应 RDF 模式语言中 cims:multiplicity 标签，例如厂站与电压等级的关联关系。

11）Comment：属性注释，对应 RDF 模式语言中 rdfs：comment 标签。

12）ns：属性所属命名空间，属性的命名空间应在根标签处声明。

CIM 中类属性分成三类：基本属性、关联属性、枚举属性。基本属性填写 Type、Size、minVal、maxVal、Unit 值，其中 Type 和 Size 不能为空，Type 填写的是基本数据类型，如 Timestamp、Float 等，Unit 填写的是属性单位类型，如 MW、MVA 等；枚举属性需 Type 值，填写的是枚举类名；关联属性需要填写 Range、Multiplicity 值。如果 CIM 中类属性的 cims:dataType 为 Domain 中的类，且该类具备 Value、Unit 属性，则类属性的 Type、Unit 字段值应根据 Domain 中的类 Value、Unit 属性去填写。关联属性应填写 Range 和 Multiplicity。枚举属性的 Type 应对应于枚举块中定义的枚举名。

（2）枚举类数据块。枚举类数据块以横表式结构描述枚举信息，包含系统声明、根元素和枚举定义。枚举类数据块起始的基本表达方式为：<Enum name = "enum-name" belongsToCategory = "所属包名">。枚举名（Enum name）为该枚举类的名称，belongsToCategory 为所属包名，其他类相关的属性允许根据需求扩充。枚举名对应于 RDF Schema 中的"rdfs:label"标签，不可省略。

第三节　CIM/G

一、CIM/G 制定背景

为了实现不同系统、不同电力企业间的图形交换，IEC 61970 在 453 Diagram Layout Profile 中描述了基于 CIM 的图形交换标准。作为 IEC 61970 CIS 规范 Level 1 的 4×× 部分，453 以独立于底层具体实现技术的形式进行描述，与实现技术无关。该标准主要描述图形布局（Layout）的原则和概念，未定义实体画面具体存储格式、展示方式、数据刷新机制等核心内容，IEC TC57 拟在后续的标准中定义。

从 2002 年开始，国内各电力科研机构和厂家在国家电网调度通信中心的组织下，进行了基于 IEC 61970 CIS 标准的互操作试验。在互操作工作中，工作组根据 IEC 61970–453 第一版制定了《基于 SVG 的公共图形交换格式》用于各厂家调度系统间的图形导入与导出，该格式规定了基于 SVG 的 EMS/SCADA 等系统间的系统图和一次接线图的图形交互规则，目的是实现不同系统、不同厂家和不同电力企业间的图形离线交换，如图 4–6 所示。该格式在一定程度解决了电网图形在不同系统、不同调度机构中的离线交换问题，但在实际应用中，存在以下问题：① 各个厂家从各自私有图形格式导出通用格式的 SVG 图形，但各自定义的图元尺寸并不一致，图形导入时存在不同程度的变形，导致图形在各系统间共享实用价值低；如果每次离线交换时在 SVG 中带上源系统的图元库，必然导致导出的 SVG 文件臃肿，导入目标系统时效率低下。② 由于 SVG 作为基于 XML 格式设计的，面向网络的通用矢量图形和通用描述格式，其表达方式非常灵活，而且不能够直接描述电力设备模型。以 SVG 完整描述一个电力设备对象需要十几行，并且需要在行之间进行关联引用。这种方式导致 SVG 图形文件尺寸较大，而且在线运行时解析效率低下，根本无法满足不同调度中心间在线远程浏览的需要。

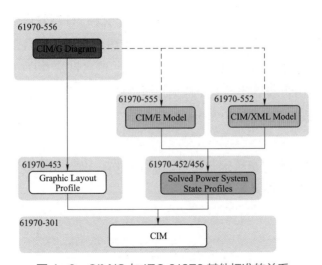

图 4-6　CIM/G 与 IEC 61970 其他标准的关系

　　针对以上原因，在我国智能电网调度控制系统研发过程中制定了更高效、更简洁、更适合电力系统的基于 CIM 的图形描述规范（CIM/G）来满足当前调控系统建设的"源端维护、远程浏览"的迫切需求。

二、CIM/G 格式

1. 概述

CIM/G 文件是基于 XML 格式的纯文本文件。CIM/G 分为定义文件和图形文件两类文件格式。定义文件格式用于图元库、着色配置库、动态显示风格库和交互菜单库的描述。图形文件格式用于厂站图、电网潮流图、电网 GIS 图的公共信息引用和图形元素的描述。

定义文件格式采用"defs"标签定义图元库、着色配置库、动态显示风格库和交互菜单库。图元库存储预定义的公共电气图元；着色配置库存储预定义的着色配置方案；动态显示风格库存储预定义的图形动态显示风格，比如：闪烁方式、填充模式、线型和线色等；交互菜单库存储预定义的用户配置的各类功能菜单。所有的定义并不用于直接显示，而是通过图形文件的引用实现图形风格和样式的在线渲染。

图形文件格式主要元素包括 Include 标签和 G 标签。Include 包括 element、color 和 style 三个属性，用于图形显示时加载公共信息包，分别调用公共信息包中的图元库、着色配置库和动态显示风格库三个文件。G 标签内定义绘制图形的基本图形元素和电力系统图形元素。电力系统图形元素又分为图元定义和图元引用，图元名称直接采用 CIM 模型的设备类名，既可以是 IEC 61970 设备类名，也可以是 IEC 61850 设备类名甚至应用自定义的类名，电力设备图形元素通过引用图元定义来实现图形对象的实例化。

2. 断路器图元定义及引用范例

断路器图元是电力系统中断路器的图形表示，也包含其他基础图元所具备的通用属性。断路器图元定义见表 4-2。

表 4-2　　　　　　　　　　断 路 器 图 元 定 义

图元定义	形状
``` <defs> <Breaker id="breaker0" loc="" data="" show="" box="0,042,18" glue="18,3 18,15" A=""> <rect x="4" y="3" w="12" h="28" fm="0"/> </Breaker> <defs> ```	

图形中断路器图元的引用如下。

```
<Breaker id="CB5013"loc="50,56 16,32" data="#765013"show="0,C,0,0" A="fun1" devref=
"breaker0"/>
```

show＝"0, C, 0, 0"表示数据质量有效，拓扑色为标准电压等级色，数据不刷新，形状无改变。

3. 厂站单线图示例

图4-7所示的厂站内有两个 3/2 接线的间隔、两条母线、两条交流线段和两个发电机。

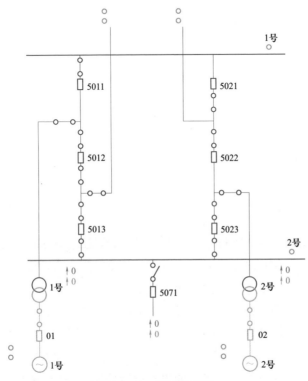

图4-7　厂站单线图

图形显示对应的 **CIM/G** 存储文本如下。

```
<? xml version="1.0" encoding="UTF-8"?>
<G viewbox="0,0,645,1050"background="236,236,236">
<Include element="Element.d" color="Color.d" style="Style.d" />
    <PowerPlant id="plant-A">
        <BusbarSection id="bus1" loc="64,246,469,0" data="#105081"
show="status1"/>
        <BusbarSection id="bus2"loc="314,553,10,490" data="#105082"
show="status2" />
        <Bay id="bay501"loc="104,246,20,20"data="#905083" show="status3"/>
        <Bay id="bay502"loc="358,246,20,20"data="#905084" show="status4" />
```

```
        <PowerTransformer id="T1"loc="62,788,20,20"data="#405085"
show="status5"/>
        <PowerTransformer id="T2"loc="465,788,20,20"data="#405086"
show="status6" />
        <Disconnector  id="dis01" loc="77,859,20,20" data="#605087" show="status7" />
        <Disconnector  id="dis02" loc="480,864,20,20" data="#605088"
show="status8" />
        <Breaker  id="cb01" loc="73,912,20,20" data="#605089" show="status9" />
        <Breaker  id="cb02" loc="476,913,20,20" data="#605090" show="status10" />
        <Generator  id="G1" loc="93,981,20,20" data="#605091" show="status11" />
        <Generator  id="G2" loc="476,913,20,20" data="#605092" show="status12" />
        <ACinsegment id="L1" loc="62,981,20,20" data="#805093" show="status13" />
        <ACinsegment id="L2" loc="462,981,20,20" data="#805094" show="status14" />
    </PowerPlant >
    <DataList type="state" num="8"  start="1"  end="8"/>
    < DataList type="measure" num="12"  start="9"  end="20"/>
</G>
```

三、CIM/G 特点

CIM/G 克服了基于 SVG 的公共图形交换格式无法直接表达电力系统图形的缺点，以 XML 作为文件存储格式，基本图形元素完全兼容 SVG 标准，在遵循 IEC 61970-453 第二版定义的图形交换规则基础上，实现了图表布局模型子集。电力系统控制中心间信息交换的关键是图形和与 CIM 模型的关联关系。CIM/G 通过 XML 的标签直接表达 CIM 模型对象的方式，实现电力设备信息和电力图形数据的高效存取，以及不同系统之间的电力设备信息和电力图形数据的离线交换和在线交互。在已经投入运行的电网调度控制系统中，CIM/G 作为图形文件存储格式，完全满足上层各类电力高级应用的需求，在上下级调度中心间以及调度中心与变电站间高效地实现了图形远程在线浏览。

CIM/G 的主要特点体现如下：

（1）电力设备和电力图形元素的便捷关联。CIM/G 的图形分为基本图形元素和电力图形元素。基本图形元素直接采用 SVG 的直线、折线、矩形、圆形、椭圆、多边形、路径、文本等图形元素。基本图形元素用于定义图元模板和绘制静态图形如河流、道路等地理信息背景。电力图形元素除了形状外还映射 CIM 电力设备模型，并具有动态属性。形状采用 SVG 图形元素定义的图元模板；CIM 电力设备模型通过 XML 标签直接表达，电力模型对象与电力图形对象一一映射。在 CIM/G 定义文件中电力图形元素名称就是 CIM 模型中类名称，通过电力图形元素的 mRID（全局设备资源 ID）与 CIM 模型关联，并获取动态属性。

（2）基于间隔图元模板的高效图形描述。CIM/G 采用电力设备图形→间隔图元模板→电力设备图元模板多级引用方式实现电力设备信息和图形数据的存储。CIM/G 采用间隔图元模板中定义的消隐参数，可以灵活设置间隔模板内的电气设备图元在厂站图或间隔接线图中的投入与退出，通过该方式可以大量减少间隔模板图元的定义。间隔模板图元的采用，在实际应用中大大减少了图形文件的尺寸，降低了远程浏览时图形文件对网络带宽的要求，提高了远程浏览的效率。

（3）公共图形信息包全局共享。电力设备图元、间隔模板图元、电压等级颜色和图形绘制风格按照统一格式公用，以公共图形信息包方式存储，并在不同系统间全局共享。在同一系统不同控制中心间进行图形的远程浏览时，由于公共信息包全局共享，所以只需要传输厂站图；而在异构系统不同控制中心间进行图形的远程浏览时，可以在首次调阅时从远端系统中获取对应的公共图形信息包，以后浏览时只需传输厂站图。

（4）电网图形本地和远程统一的访问控制方法。提出了兼顾本地访问和远程浏览的电网图元与实时数据的动态映射和实时刷新方法，解决了原 CIM/SVG 不支持实时图形交换和远程浏览的问题，实现了多级电网调度控制中心之间及其对变电站和发电厂实时图形的远方浏览，有效支撑了大电网多级协调控制和故障协同处理，大幅度降低了各级电网调度维护电网图形的工作量及相应的基建运维成本。

第四节　CIM OWL

CIM/XML 及 CIM/E 格式的电网数据能够满足不同电力自动化系统之间的数据交换共享，但在智能化时代，数据还需要进一步表示成知识，从而构建电力领域的知识图谱。知识图谱实质上就是从语义角度出发，通过描述客观世界中概念、实体及其关系，从而让计算机具备更好地组织、管理和理解海量信息的能力。RDF/RDFS 的知识表示及推理能力相对较弱，以本体论为核心的语义网技术框架为数据的知识化表示提供了有效的手段。

一、语义网技术栈

互联网之父蒂姆·伯纳斯－李（Tim Berners－Lee）在 1998 年提出了语义网

（Semantic Web）的概念，其出发点是解决机器不能充分理解网页内容的含义，无法实现对网页内容的自动处理的问题。随着语义网相关技术的不断完善，语义网已经变成了一套能够提供融合不同来源的数据与现实世界对象对应关系的方法论和技术体系。

根据 W3C 的定义：语义网提供了一个通用框架，允许在应用程序、企业和社区之间共享和重用数据。语义网最核心的技术是对现有 Web 增加了语义支持，通过可以被计算机理解的方式来描述事物，使机器或者设备能够自动识别和理解互联网络上的信息，自动化地集成、处理来自不同数据源的数据，并进行一定的推理，促进高效的信息共享和机器智能协同。

语义网的通用框架（语义网技术栈）如图 4-8 所示。

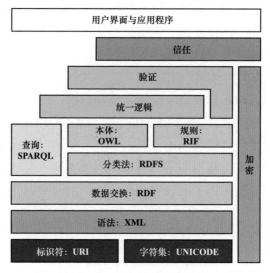

图 4-8　语义网的通用框架

其中 Unicode 用来对网络上的内容（即资源）进行统一编码，URI 即统一资源标识符，用于给网络上的资源一个唯一的标识。

XML 是语义网的语法层，RDF 是语义网的数据交换层。前面章节已经介绍过，通过定义一种可扩展标记语言（XML），可以通过标签的形式灵活组织数据，实现对数据的传输格式的规范表示。RDF 解决了 XML 语法不具备语义描述能力的问题，通过建立一种描述网络资源的通用框架，来描述网络上的资源以及资源之间的关系，两者配合可以很好地完成网络上的内容（及异构系统之间的数据）的交互共享。当然，一个 RDF 数据模型可以采用多种语法进行描述，如本章第一、二节介绍的，CIM/XML 和 CIM/E 都可以用于电力数据共享。另外，随着 REST Web 服务的流行，在异构系统之间进行小数据量但相对频繁的消息类通信，也可利用 JSON 语法来进行 CIM 数据共享，具体可参考 https://json-ld.org/。

W3C 提出的 RDF 由三部分组成：RDF Syntax，RDF Data Model 和 RDF Schema。其中 RDF Syntax 对应于语义网技术栈的第二层（语法层），RDF Data Model 对应于语义网技术栈的第三层（数据交换层）。

语义网技术栈的第四层为语义层，其核心为模式语言 RDFS 和本体语言 OWL（Ontology Wed Language，网络本体语言）。

RDF 本身也提供了一些基本的 rdf 词汇来进行一些语义上的定义（比如 rdf: type 用于指定资源类型），但 RDF 对类和对象的泛化抽象表达能力很有限，例如无法描述某个领域里类别和属性最基本的层级结构、包含关系，于是 W3C 又推出了 RDF Schema（RDFS），它在 RDF 词汇基础上扩展了一套数据建模词汇来描述数据的模式层，对 rdf 中的数据进行约束以及规范。RDFS 具体内容见第二章，本节重点介绍 RDFS 为资源的语义层面带来的扩展方法及能力。

RDFS 的扩展能力主要体现在可以定义某个属性可能归属的类型和取值范围来扩展类的描述。RDFS 中有两个非常重要的词汇就是 **domain** 和 **range**。**RdfS:domain** 用来表示某个属性的域，即该属性属于哪个类别，可以理解为 RDF 三元组中主语的类型约束。**RdfS:range** 用来表示该属性的取值类型，可以理解为 RDF 三元组中宾语的类型约束。由此带来的好处在于，当一个类被定义以后，其他人可以很容易地在不改动原来类的定义 Schema 的同时，向其中添加额外的属性来完成对该类的扩展定义。这正是 RDFS 带来的以属性为中心构建类型系统的优势，允许任何人扩展现有资源的描述。

例如，已经有一条 **PowerTransformer** 这个类的定义描述，如果在设备检修领域应用时需要扩展描述变压器的冷却类型属性，只需要定义一个冷却类型类 **TransformerCoolingType** 来定义具体的冷却类型，然后定义一个冷却类型属性 **TransfCoolingType**，把该属性的 **rdfs:domain** 定义为该 **PowerTransformer** 类，**rdfs:range** 定义为冷却类型类 **TransformerCoolingType** 即可，而不需要改变原来 **PowerTransformer** 类的定义。

```
<?xml version="1.0" encoding="gb2312"?>
  <rdf:RDF  xmlns:cim="http://iec.ch/TC57/2011/CIM-schema-cim15#"
```

```
  xmlns: rdf="http://www.w3.org/1999/02/22-rdf-syntax-ns#">
  xmlns:rdfs="http://www.w3.org/2000/01/rdf-schema#"
<rdfs:Class rdf:ID="PowerTransformer">
  <rdfs:label>PowerTransformer</rdfs:label>
  <rdfs:subClassOf rdf:resource="
  http://iec.ch/TC57/2011/CIM-schema-cim15#PowerSystemResource"/>
</rdfs:Class>
<!-- 新定义一个冷却类型属性 transfCoolingType  -->
<rdf:Property rdf:ID="
http://iec.ch/TC57/2011/CIM-schema-cim15#PowerTransformer.transfCoo
lingType">
  <rdfs:label>transfCoolingType</rdfs:label>
  <rdfs:domain rdf:resource=" http://iec.ch/TC57/2011/CIM-schema-
cim15#PowerTransformer"/>
  <rdfs:range rdf:resource=" #TransformerCoolingType"/>
  <rdfs:comment>"Type of transformer cooling"</rdfs:comment>
</rdf:Property>
<!-- 新定义一个冷却类型类 TransformerCoolingType  -->
<rdfs:Class rdf:ID="TransformerCoolingType">
<rdfs:label>TransformerCoolingType</rdfs:label>
<rdfs:comment>"Type of transformer cooling."</rdfs:comment>
</rdfs:Class>
```

RDF 和 RDF Schema 能够描述一定的语义信息，但表达能力依旧有限，OWL 弥补了 RDFS 的不足，运用人工智能（Artificial intelligence，AI）中的逻辑来赋予语义，能够支持多种形式的推理，在表达概念的语义灵活性、机器可理解性以及对概念的泛化推理等方面，OWL 比 RDF/RDFS 等语言有了更大的提升。

在 RDFS/OWL 之上，W3C 定义了 SPARQL（SPARQL Protocol and RDF Query Language）用于访问和操作 RDF 数据，并定义了规则互换格式（Rule Interchange Format，RIF）和语义网规则语言（Semantic Web Rule Language，SWRL）来辅助推理。Logic＋Proof＋Trust 是语义 Web 的逻辑层、验证层和信任层。逻辑层负责提供具体的公理和推理规则，在前面各层的基础上进行逻辑推理操作。验证层负责对推理结果进行验证，证明其有效性。信任层负责提供信任机制，保证资源的交互安全可靠。

二、基于 OWL 的 CIM 知识表示

CIM RDF 和 RDF Schema 能够描述一定的语义信息，可以完成基本的数据交换任务。为了形成电力领域知识图谱，必须进一步借助于 OWL 的相关技术，对 CIM/RDF 的语义关系进行更丰富的知识表示、推理预测及可视化表达，从而协助企业从更清晰、更全面、更科学的角度，将积累的数据资产加以利用，发挥商业价值。

术语 Ontology（本体）是一个哲学上的概念，是对客观世界的抽象。目前，Ontology 已经被广泛应用到计算机科学领域，用以描述概念和概念之间的关系，其实质就是对特定领域之中概念及其相互之间关系的形式化表达（formal representation）。这种表达需要满足以下几个目标：

（1）防止在人类交流中产生误解。

（2）保证软件以统一规范的方式表现。

（3）能够与其他系统很好地协同工作。

OWL 不是一种编程语言，它用逻辑的方式描述一个领域概念的状态，并可以使用推理机来描述该领域，因此本体能够提供更多的元信息，以提高RDFS 在表达语义和支持推理方面的能力。

一个完整的本体，一般由概念（类）、属性、约束、实体和公理组成，通过对这些元素的定义，使得本体既具备了在不同系统和不同环境之间共享对数据的通用理解能力，又具备了对领域知识的重用、分析能力。从表现形式上看，OWL 实质是 RDFS 的一个扩展，其添加了额外的预定义词汇。OWL 主要扩展了两个方面的主要功能：

（1）通过定义对象、属性及其丰富的关系，提供快速、灵活的数据建模能力。

（2）借助于推理机实现高效的自动推理能力。

OWL 区分数据属性和对象属性（对象属性表示实体和实体之间的关系）。词汇 OWL：DatatypeProperty 定义了数据属性，OWL：ObjectProperty 定义了对象属性。OWL 同时为属性定义了丰富的关系，几个典型的关系描述如下：

（1）OWL：TransitiveProperty 表示该属性具有传递性质。例如，定义"位于"是具有传递性的属性，若 A 位于 B，B 位于 C，那么 A 肯定位于 C。

（2）OWL：SymmetricProperty 表示该属性具有对称性。例如，定义"认识"是具有对称性的属性，若 A 认识 B，那么 B 肯定认识 A。

（3）OWL：FunctionalProperty 表示该属性取值的唯一性。例如，定义"母亲"是具有唯一性的属性，若 A 的母亲是 B，在其他地方得知 A 的母亲是 C，那么 B 和 C 指的是同一个人。

（4）OWL：inverseOf 定义某个属性的相反关系。例如，定义"父母"的相反关系是"子女"，若 A 是 B 的父母，那么 B 肯定是 A 的子女。

其他，还有本体映射词汇（Ontology Mapping）如：

（1）OWL：EquivalentClass 表示某个类和另一个类是相同的。

（2）OWL：EquivalentProperty 表示某个属性和另一个属性是相同的。

（3）OWL：SameAs 表示两个实体是同一个实体。

以及与或非逻辑操作类，如：

（1）OWL：IntersectionOf 声明枚举类型。

（2）OWL：Disjoint with 声明两个类型不相交。

（3）OWL：Union of 声明某个类型为其他类型的并集运算。

通过利用本体的类、属性、关系的定义，可以丰富对概念的知识表达。例如，CIM/RDF 在描述 1:n 关系时，如果 n 比较大，一般只描述 n 端到 1 端方向的关联，另外一个方向的关联需要应用层各自去进行拓扑搜索。以一个设备检修领域典型应用场景为例，如果需要对 cim:**PowerTransformer** 类扩展该变压器的生产厂家属性，可以利用上节介绍的 rdfs:Class、rdf:Property 扩展定义一个 Manufacturer 类及一个 ProducedBy 属性，并通过 rdfs:domain、rdfs:range 关联 cim:**PowerTransformer**，从而通过 **PowerTransformer. ProducedBy** 来为该变压器增加生产厂家属性。

在设备检修时发现某个变压器存在重大缺陷，需要快速检索出该有缺陷的变压器的生产厂家的所有投运变压器的相关信息。如果不引入 OWL，只能通过编程来遍历数据库所有变压器记录来实现该查询，或者需要在 CIM/RDF 文件中描述该生产厂家的标签，把该厂家所有的投运变压器都罗列出来。

```
<cim_ex:Manufacturer rdf:ID="ABCD">
   <cim:IdentifiedObject.name> ABCD </cim:IdentifiedObject.name>
   <cim_ex:Manufacturer.ProducedDevices rdf:resource="#P1"/>
    <cim_ex:Manufacturer.ProducedDevices rdf:resource="#P2"/>
    <cim_ex:Manufacturer.ProducedDevices rdf:resource="#P3"/>
    <cim_ex:Manufacturer.ProducedDevices rdf:resource="#P4"/>
  <!-- … -->
```

```
</cim:PowerTransformer>
```

而借助于 OWL 的 OWL:InverseOf,则可以很简单地为 OWL:ObjectProperty ProducedBy 定义一个相反属性关联 OWL：ObjectProperty ProducedDevices 即可，有了这个描述定义，推理机就可以直接基于 CIM/RDF 文件数据自动实现上述对任何一个生产厂家的投运设备的快速查询需求，另外，如果为后续数据库查询方便，需要在数据库中增加一张冗余的 Manufacturer－ProducedDevices 表来描述这种关联关系，也可以利用推理机的推理结果来自动补全该表的记录。这种基于推理的关联关系补全在数据量小的时候，其价值可能体现不出来，但在构建全国所有生产厂家的所有各类设备的知识图谱时，借助于 OWL 来增强 CIM 的知识表示能力就很有意义了。

利用 OWL 描述变压器与生产厂家关联关系的 schema 文件片段如下程序所示。

```
<?xml version="1.0" encoding="gb2312"?>
  <rdf:RDF  xmlns:cim="http://iec.ch/TC57/2011/CIM-schema-cim15#"
  xmlns:rdf="http://www.w3.org/1999/02/22-rdf-syntax-ns#">
  xmlns:rdfs="http://www.w3.org/2000/01/rdf-schema#"
  xmlns:owl="http://www.w3.org/2002/07/owl#"

<!-- 新定义一个 owl 对象 Manufacturer-->
  <owl:Class rdf:ID=" Manufacturer ">
  <rdfs:label> Manufacturer </rdfs:label>
  </rdfs:Class> (</owl:Class> ?)
<!-- 新定义一个对象属性 ProducedBy-->
    <owl:ObjectProperty rdf:ID="ProducedBy">
    <rdfs:domain rdf:resource=" http://iec.ch/TC57/2011/CIM-schema-
cim15#PowerTransformer"/>
    <rdfs:range rdf:resource="# Manufacturer "/>
    </owl:ObjectProperty>
<!-- 新定义一个对象属性 ProducedDevices-->
    <owl:ObjectProperty rdf:ID="ProducedDevices">
    <rdfs:domain rdf:resource="# Manufacturer "/>
    <rdfs:range rdf:resource=" http://iec.ch/TC57/2011/CIM-schema-
cim15#PowerTransformer "/>
```

```
<owl:inverseOf rdf:resource="# ProducedBy " />
</owl:ObjectProperty>
```

三、基于 OWL 的 CIM 数据集推理查询

由本体（Ontology）作为 Schema 层来建立的知识图谱，其最终结果实际上就是一个与 RDF/XML 格式兼容的结构化数据集。上节的变压器与生产厂家关联查询的场景，在 Schema 层的描述语言增加了 OWL 后，其 CIM RDF/XML 图谱如图 4-9 所示。

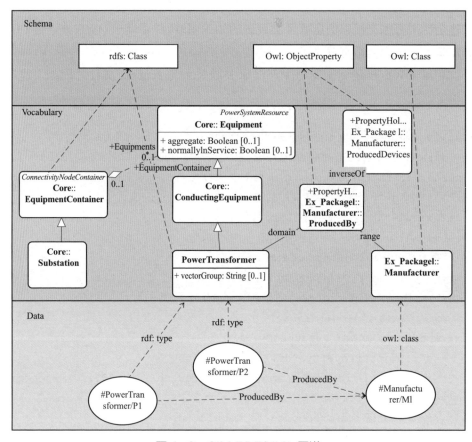

图 4-9　CIM RDF/XML 图谱

有了基于 OWL 的 CIM RDF/XML 数据集，就可以对其进行推理查询了。类似使用 SQL 查询关系数据库，实际应用中通常使用 SPARQL 查询 RDF 格式的数据。

　　SPARQL 即 SPARQL Protocol and RDF Query Language 的递归缩写，专门用于访问和操作 RDF 数据，是语义网的核心技术之一。2008 年，SPARQL 1.0 成为 W3C 官方所推荐的标准，2013 年发布了 SPARQL 1.1，能够支持 RDF 图的更新，并提供了更强大的查询，比如：子查询、聚合操作等。

　　SPARQL 主要由两个部分组成：查询语言和访问协议。

　　（1）查询语言，类似于用 SQL 查询关系数据库中的数据，XQuery 用于查询 XML 数据，SPARQL 用于查询 RDF 数据。

　　（2）访问协议是指可以通过 HTTP 协议在客户端和 SPARQL 服务器（SPARQL endpoint）之间传输查询和结果。

　　一个 SPARQL 查询本质上是一个带有变量的 RDF 图，如上述变压器的 CIM/RDF 数据：

```
<#PowerTransformer/P1>  <#ProducedBy>  "XX 公司"
```

　　把属性值用变量代替（SPARQL 用问号加变量名的方式来表示一个变量），即形成了一个 SPARQL 查询请求：

```
<#PowerTransformer/P1>  <#ProducedBy>  ?x.
```

　　SPARQL 查询的具体实现分为三个步骤：

　　（1）构建查询图模式，表现形式就是带有变量的 RDF。

　　（2）匹配，匹配到符合指定图模式的子图。

　　（3）绑定，将结果绑定到查询图模式对应的变量上。

　　SPARQL 查询算法是基于图匹配的思想，通过把上述的查询与 RDF 数据图进行匹配，找到符合该匹配模式的所有子图，从而得到变量的值。

　　基础的 SPARQL 查询不具备推理能力，要实现推理查询，还需要在查询流程中加入推理机。一个常用的推理机为 Apache Jena，一个完整的 Jena 框架如图 4 – 10 所示。

　　在 Jena 框架中，不同 API 之间的交互如图 4 – 10 所示。首先，RDF API 是 Jena 最核心、最基础的 API，支持对 RDF 数据模型的查询、读写等操作，Ontology API 是 RDF API 的一个扩展，以支持本体文件的操作，SPARQL API 提供了更复杂的查询接口。Inference API 提供了基于规则进行推理的推理引擎。Store API 提供了本体的存储。

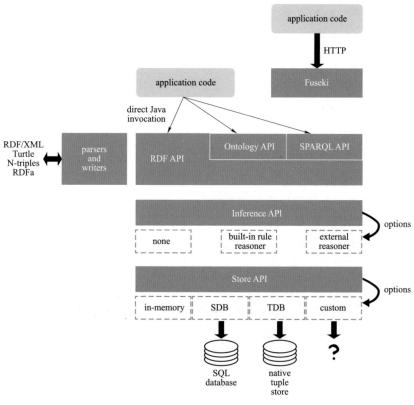

图 4-10　Jena 框架图

该框架中，最主要的三个组件是 Triplestore Database（TDB）、Jena 推理机和 Fuseki 服务器：

（1）TDB 是 Jena 用于存储 RDF 的数据库组件，属于存储层面的技术，能够提供非常高的 RDF 存储性能。

（2）Jena 提供了 RDFS、OWL 和通用规则的推理机。Jena 的 RDFS 和 OWL 推理机也是通过 Jena 自身的通用规则推理机实现的。

（3）Fuseki 是 Jena 提供的 SPARQL 服务器。该服务器可以提供了四种运行模式：单机运行、作为系统的一个服务运行、作为 Web 应用运行或者作为一个嵌入式服务器运行。

最后在电力设备检修场景中，以搜索"诚信公司"生产的所有投运变压器设备为例，验证其推理查询能力。

在 Python 中用 SPARQLWrapper 向 Fuseki server 发送下列查询请求：

```
PREFIX cim=http://iec.ch/TC57/2011/CIM-schema-cim15#
PREFIX rdf="http://www.w3.org/1999/02/22-rdf-syntax-ns#">
PREFIX rdfs="http://www.w3.org/2000/01/rdf-schema#"
PREFIX owl="http://www.w3.org/2002/07/owl#"
SELECT * WHERE
{
  ?x rdf:type :Manufacturer
  ?x :Describe '诚信公司'.
  ?x ?p ?o.
}
```

该查询请求返回该厂家的各个属性信息，如名称、地址等。因为定义有
<owl:inverseOf rdf:resource = "# ProducedBy"/>，推理机会根据 CIM/RDF 数据中
变压器的 ProducedBy 对象属性推理出该生产厂家的 ProducedDevices 对象属性的
相关记录，而这些记录并没有在 CIM/RDF 数据集中显式描述。

x	p	o
http://localhost:2020/resource/Manufacturer/M1	#Name	M1
http://localhost:2020/resource/Manufacturer/M1	#Describe	诚信公司
http://localhost:2020/resource/Manufacturer/M1	#Adress	
http://localhost:2020/resource/Manufacturer/M1	# ProducedDevices	#PowerTransformer/P1
http://localhost:2020/resource/Manufacturer/M1	# ProducedDevices	#PowerTransformer/P2
http://localhost:2020/resource/Manufacturer/M1	# ProducedDevices	#PowerTransformer/P3

…

第五章

CIM 数据服务框架

IEC TC57 公共信息模型规定了电力系统信息交换所涉数据的模式描述，即规定了数据语义。信息交换的发送方按照 CIM 组织数据、接收方按照 CIM 解析数据，交换过程中无需传递模式定义，这是信息高效交换的一个方面。

信息高效交换的另一个方面是能够按照约定的方式连通数据服务，通过预定的服务方法调用传递数据，也就是使信息交换、系统集成基于明确的语法规则。

CIM 数据服务支持参与电力公共信息交换的软件组件的集成，确定包含模式、对象、属性、方法和事件交互访问的公共接口及接口使用规范。CIM 数据服务的框架在 IEC 61970 和 IEC 61968 中定义。公共信息模型模式、遵从模式定义的对象化数据均可通过 CIM 数据服务交换，使应用集成能够以标准化的方式进行。

IEC 61970 的数据访问服务侧重于模型、实时、历史和事件等四大类数据的标准化访问，充分考虑实时和准实时级别数据共享的效率需求，以紧耦合组件接口为核心，至今已发展了两代。第一代 IEC 61970 数据访问服务作为组件接口规范（CIS）在 IEC 61970-40×标准中定义，演化自 OMG 工业数据访问标准。第二代 IEC 61970 数据访问服务采用 IEC 62541 标准的 OPC 统一架构（OPC Unified Architecture，OPC UA）。OPC UA 将多类数据在统一地址空间管理，提供高效、防火墙友好、安全的一体化数据访问服务。

IEC 61968 的数据访问服务充分考虑了配电管理需要在不同的和可能不兼容的计算机系统间交换信息，侧重于通过消息传输实现应用间的信息交换。基于 IEC 61968 标准定义的消息组织形式、有效载荷结构及接口规范，企业级应用通过在系统间交换符合标准定义的消息完成业务功能。

CIM 描述了不同应用之间需要交换的信息的语义，解决了"数据是什么"

的问题；CIM 数据服务定义了信息交换的语法，解决了"数据如何获取"的问题。电力企业中，新建系统直接支持 CIM 并提供 CIM 数据服务，已有系统加装封套使数据交互层面数据和服务实现标准化。充分利用 CIM 及 CIM 数据访问服务，可极大地提高数据交换能力，降低专业接口的开发及维护工作量。沿着以标准化促进数据交换和信息集成的技术路线演进，企业数字化转型的阻力将变得越来越小。

本章介绍 IEC 61970 和 IEC 61968 规定的 CIM 数据服务，包括组件接口规范、OPC 统一架构和基于 IEC 61968 标准的 Web 服务集成。

第一节　组　件　接　口　规　范

IEC 61970－40×定义了 EMS－API 第一代 CIM 数据服务，具体包括通用数据访问、高速数据访问、通用事件与订阅、时序数据访问等接口。国际国内互操作测试及实际的工程应用，验证了组件接口规范的能力和实用性。

一、CIS 框架

IEC 61970 标准引用对象管理组织（Object Management Group，OMG）和 OPC 基金会（OLE for Process Control，OPC）以及 EPRI CCAPI 通用接口定义（GID）标准作为 CIS 通用服务的基础（见图 5－1）。

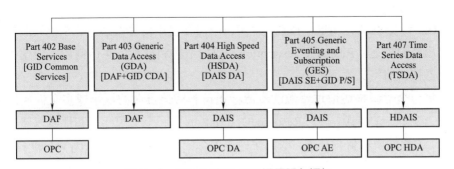

图 5－1　IEC 61970 CIS 通用服务框架

CIS 在相当大程度上直接采用 OMG 的数据访问基础设施（Data Access Facility，DAF）、工业系统数据采集（Data Acquisition from Industrial Systems，DAIS）、数据访问（Data Access，DA）及报警和事件（Alarm and Events，AE）、工业系统历史数据访问（Historical Data Access from Industrial Systems，HDAIS）

规范。

组件接口通过接口描述语言（Interface description language，IDL）描述。整个规范划分为多个模块，包括命名空间模块、过滤模块、发布/预定模块、公共数据访问模块组、连接与事务模块等。这些模块分别在 IEC 61970 标准的 402－CIS 公共服务、403－通用数据访问（Generic Data Access，GDA）、404－高速数据访问（High Speed Data Access，HSDA）、405－通用事件与订阅（Generic Eventing and Subscription，GES）、407－时序数据访问（Time Series Data Access，TSDA）等部分中标准化。

二、公共服务

公共服务为 GDA、HSDA、GES、TSDA 提供公共和必需的基本功能。公共服务定义了资源标识符、资源描述、视图等基础以支持模型、实时、历史、事件访问。

DAF 资源标识符模块定义了用于识别 CIM 资源（电力系统相关类、属性和对象实例）的通用方法。该模块定义了资源标识相关的一些类（ResourceID、URI 等）和 ResourceID 服务。ResourceID 服务包括两个方法：get_resource_ids()将 URI 翻译为资源，get_uris()将资源翻译为 URI。

扩展资源标识服务相比 DAF 资源标识服务扩展了客户查询指定视图 URI 的能力，增加了用于创建资源标识符的 create_resource_ids()方法和设置 URI 的 set_uris()的方法。

GDA、HSDA、GES、TSDA 等接口中需要使用资源描述。CIS 公共服务部分给出资源描述（ResourceDescription）数据结构和批量资源访问所需要使用的迭代器接口的定义。

每一个资源描述通过资源的资源标识符和对该资源的零个或多个性质值来标识一个单一的资源。一个 ResourceDescription 由一个资源标识和性质取值序列构成。如果性质取值为单值，取值序列中仅有一个性质值（PropertyValue）条目。一个 PropertyValue 包括两个属性，分别是性质资源的标识符和取值。

性质的取值用简单值（SimpleValue）表示。DAF 把 SimpleValue 定义为一个联合（union），可以是一个资源标识符、文本、各种数值或它们的序列类型。

针对多个资源的信息查询返回的是一个资源描述迭代器（ResourceDescriptionIterator）。客户端可使用 ResourceDescriptionIterator 顺序地访问一个大型的查询结果，每次访问若干个资源。

　　客户端和数据提供者应协同管理迭代器的使用寿命和它消耗的资源。客户端通过 next_n()获取一组数据，调用 destroy()方法销毁迭代器。此外，数据提供者由于资源管理或其他原因，可在任何时刻自发地销毁迭代器。如果客户端发现迭代器已被销毁，不应将这种情形视为迭代终止，也不应视为数据提供者的永久错误，可根据运行需要终止数据获取或者重新进行数据查询。

三、通用数据访问

　　通用数据访问（GDA）定义一般的请求 – 应答型数据访问机制，用于应用程序初始化和信息同步时非实时地访问复杂结构的数据。应用程序间进行高性能的实时数据交换和基于订阅机制的事件数据访问等，利用 CIS 的 HSDA、GES 等接口完成。

　　GDA 通过定义抽象的接口，屏蔽了不同应用系统数据存储层的差异，避免了不必要的复杂性。通过使用面向对象语义，GDA 展现了强大的访问 CIM 数据的能力。GDA 的功能体现在三个大的方面：读访问、写访问和改变事件通知。其中读访问不仅可以访问 CIM 对象数据，也可以访问 CIM 模式（模式查询）。

　　GDA 读访问针对以只读的方式从一个控制中心系统获取数据的问题，所具备的模型数据访问能力在准实时或非实时模式下足以支持对多个应用和系统进行集成。读访问包括两部分，第一部分是 DAF 所规定的查询实例数据和元数据的基本功能；第二部分是对 DAF 的扩展，为客户端提供了一种更高级的功能，使客户端可进行更先进的过滤查询和连接（Join）查询。

1. 资源查询

　　资源查询使用资源查询服务（ResourceQueryService），能够满足 CIM 数据应用客户端查询一个资源及其性质、查询特定类型范围内所有资源及其性质、按关联链定位资源并查询其性质、按关联链级联查询等需求。

　　应用程序使用 get_values()方法获取指定对象的性质取值。

　　方法 get_extent_values()用于查询一个给定类的每一个资源的描述，即该类（包括其子孙类型）范围内每一个成员的描述。用 class_id 指定待查询的目标类，properties 指明待查询的性质序列。

　　方法 get_related_values()用于查询与给定源资源关联的每一个资源的一个描述。源资源用一个 ResourceID（参数 source）指定，而关联由一个 Association 结构（associ）指定。

　　GDA 不仅支持对 CIM 中各模式类的对象实例资源的资源描述进行查询，

还支持对 CIM 本身的描述进行查询。客户端通过公共服务翻译模式类资源、模式性质资源、元模式资源的 URI 得到 ResourceID 标识符开始，应用 ResourceQueryService 的各个方法获得模式资源的资源描述。例如，为查询出 CIM 中包含的有类的名称，将 "rdfs:Class" 和 "rdf:label" 元模式 URI 对应的 ResourceID 标识传到方法 get_extent_values()中进行查询。

2. 资源过滤查询服务

资源过滤查询服务（FilteredResourceQueryService）在资源查询服务基础上应用过滤条件，以返回客户端期望的结果。资源过滤查询服务的每一个操作执行一个带过滤条件的、单独的查询。由一个查询返回的每一个资源描述包括所请求性质的取值，返回的取值呈现的顺序和传给查询的性质的顺序相同。

资源过滤查询对应于资源查询服务的批量查询方法有相应的可带过滤条件的查询方法，分别是 get_filtered_extent_values()、get_filtered_related_values()和 get_filtered_descendent_values()。

方法 get_filtered_extent_values()在资源查询服务的 get_extent_values()查询之上应用 filter_node 过滤。方法 get_filtered_related_values()在资源查询服务的 get_related_values()查询之上应用 filter_node 过滤。方法 get_filtered_descendent_values()在资源查询服务的 get_descendent_values()查询之上应用 filter_node 过滤。

3. 扩展资源查询服务

扩展资源查询服务（ExtendedResourceQueryService）是 GDA 在 DAF 查询服务基础上做的扩展。扩展资源查询服务的每一个操作执行一个带过滤条件的、针对多个资源类的连接结果的查询。

扩展资源查询服务的唯一方法 get_join_values 接受一个连接条件序列，返回一个用于迭代资源描述序列的迭代器，每个资源描述序列对应到结果集中的一行。调用者可以通过过滤器过滤结果集。

GDA 的数据模型采用的是面向对象的描述方式，Join 操作为针对没有直接关联的一些类进行联合查询提供支持。

4. 写访问

GDA 写访问也称为资源更新服务。资源更新服务提供操作来更新那些可通过 GDA 读访问获取的数据。

差异模型（DifferenceModel）描述了资源更新服务中方法 apply_updates()调用之前和成功执行之后模型的差异。可在差异模型中设定头部声明（headers）、前置条件（preconditions）、前向差异（forwardDifferences）和后向差异

（reverseDifferences）。

GDA 客户端使用方法 apply_updates()实现资源的增加、修改、删除等更新操作。方法 apply_updates()以 DifferenceModel 为参数。通过将模型差异应用到目标数据提供者，更新方法实现基于 CIM 的电网模型的更新。一次更新包括启动前置条件判断和反映前向与反向差异的模型更新。如果 preconditions 中的任何陈述或差异模型中的 reverseDifferences 在更新之前是错误的（没有在模型中出现），则意味着更新不能进行。

5. 模型变化事件通知

GDA 事件模块允许客户订阅对象资源有关的变化事件。通过改变事件通知使数据提供者能及时将数据变化情况通知客户端，便于客户端与服务器保持数据一致。

事件通知由传递资源变更事件（ResourceChangeEvent）给客户端完成。ResourceChangeEvent 指示一个数据变化，在数据发生改变后传递，提示客户端可以开始或重新读取数据。

事件结构中的 affected 成员是一个 ResourceID 标识符序列，列出哪些数据已经发生改变。如果 affected 为空，意味着数据提供者提供的任何的或所有的数据可能已经改变。若 affected 不为空且其中包含一个或多个类或对象的 ResourceID 标识符，则客户端应认为相应类的实例或对象已经被创建或销毁，或者性质值已经改变。数据改变的具体方式在成员 verbs 中描述。成员 verbs 是一个数字序列，其中的每个值给出 affected 中对应的数据是如何改变的。对于 affected 序列的每个成员来说，必有一个与之对应的 verbs 序列的成员。事件中的 version 数值等于事件发生时从 GDA 事件服务的 current_version()操作返回的值。

并不强制要求数据提供者在每个更新发生时都发出一个事件。数据提供者可将一系列事务或简单更新组成一个大的单元。一系列事务或更新可以组成一个逻辑组或一个临时变化组，资源改变事件可在系列更新的最后一个改变发生后发出，用以覆盖相应的所有改变，这称为事件压缩。

GDA 事件服务的接口包括：① GDA 事件源服务（GDAResourceEventSource）；② GDA 事件"推"提供者代理接口（ProxyPushSupplier）；③ GDA 事件"推"消费者接口（PushConsumer）；④ GDA 事件客户端回调接口（Callback）。

GDA 事件服务使用了类似于 CORBA 标准事件服务（COSEventService）中的"经典推模型"——GDA 服务器产生事件，并将事件推给消费者。一个服务器端的 ProxyPushSupplier 服务实例和一个客户端的 PushConsumer 服务实例共同组成并维护了一个 GDA 事件连接。

客户端通过某种 CORBA 服务定位机制获得 GDAResourceEventSource 服务引用。客户端调用 GDAResourceEventSource::obtain_push_supplier()方法请求建立一个新的 GDA 事件连接，服务器端建立一个新的 ProxyPushSupplier 服务实例并返回。之后，客户端创建一个新的 PushConsumer 服务实例并调用 ProxyPushSupplier::connect_push_consumer()将其注册到服务器端。至此，GDA 更新连接建立，服务器使用 PushConsumer 服务实例所提供的 Callback 服务向客户端提供事件。

服务器可使用 PushConsumer::disconnect_push_consumer()方法主动通知客户端 GDA 事件连接已被服务器主动关闭。ProxyPushSupplier::disconnect_push_consumer()方法用于客户端主动通知服务器端 GDA 事件连接已被客户端主动关闭。

四、高速数据访问

高速数据访问（HSDA）定义了高效交换数据的一个通用接口。HSDA 接口用于实现查询与订阅方式的实时级数据访问。在协同的服务体系中，HSDA 使用的对象标识、CIM 模式等应与 GDA 相同，通过 GDA 接口获得对象标识等信息后，HSDA 接口不使用浏览接口也能够直接进行数据访问及订阅，如图 5-2 所示。

从使用 HSDA 服务的客户端角度看，HSDA 的类型（Type）用于描述数据对象节点的类型，性质（Property）用于描述项，这两项是元数据。节点（Node）描述可被 HSDA 访问的数据对象，节点可以在层次结构中包含其他节点，节点同样可以包含项。项（Item）描述可被 HSDA 访问的数据值，项通常包含在节点中。项的属性包括值（value）、质量码（quality）和时标（time_stamp）。

支持 CIM 的 HSDA 服务器拥有在 CIM 中可找到的类型、性质、节点和项。例如，类型可以是 CIM 中的 Measurement、Breaker、Substation 等；性质可以是 CIM 中的 Measurement.normalValue，Breaker.ampRating 等。一个节点对应于 CIM 类的一个实例，例如一个特定的量测、断路器、变电站等。节点层次结构在 IEC 61970-402 的物理视图（PhysicalView）中表示。项对应于一个性质值，例如一个 MeasurementValue.normalValue 等于 500，Breaker.ampRating 等于 60 等。在一个服务器的实现中，项的各个取值可以有质量码和相应的时间标签。

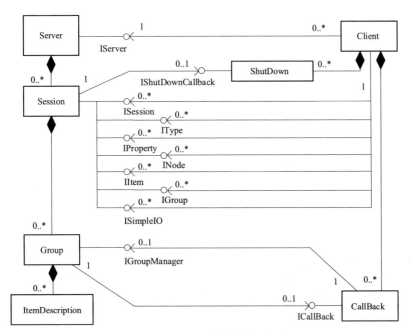

图 5-2　HSDA 对象和接口示意

服务器（Server）是实现 IServer 接口的对象，允许任意数量的客户端使用该接口。服务器对象可根据客户的连接保持多个会话（Session）对象。Session 对象有一系列接口，其中 ISession 用于管理会话，IType 是用于查找 HSDA 服务器实现的节点数据对象相关元数据的浏览接口，IProperty 是用于查找 HSDA 服务器实现的项数据相关的元数据的浏览接口，INode 接口是用于查找 HSDA 服务器中实例化的节点数据对象的浏览接口，IItem 是用于查找节点对象存在的项取值的浏览接口，IGroup 是创建订单对象的管理接口，ISimpleIO 是不需要订单对象就可直接进行访问的数据访问接口。

Session 对象可包含多个实现 IGroupManager 接口的组对象。Group 对象是用于重复访问项取值或管理订阅的数据访问对象。每个数据项在 Group 对象中都有一个项描述（ItemDescription）。数据项可使用 Node 和 Item 浏览接口获得。Group 对象由会话对象创建，实现了订阅、读和写的方法。

回调（CallBack）对象实现了 ICallBack 接口，由客户端提供。Server 根据订阅或客户端发起的异步调用，使用 CallBack 对象传递数据。每个订单对象可以有一个关联的 CallBack 对象，一个客户有多少个 Group 对象就可以有多少个 CallBack 对象。客户端可以有一个实现 IShutDownCallback 接口的 ShutDown 对象，该对象由服务器使用以通知客户端服务器正在关闭。

　　HSDA 支持的订阅类型可显著提高数据的实时性和更新效率。一个订阅涉及一个发布数据的服务器和提交订阅以接收数据的（多个）客户端。服务器没有客户端的先验知识。订阅建立后，服务器在数据可用或更新时调用客户端。

　　HSDA 服务器和客户端之间的典型交互过程如图 5–3 所示。

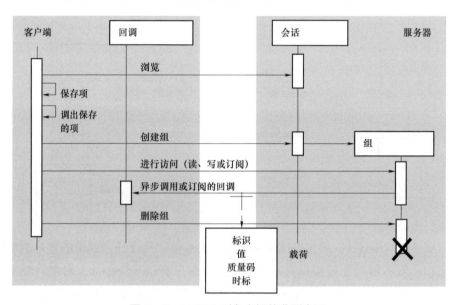

图 5–3　HSDA 对象之间的典型交互

　　客户端使用浏览接口（**IType**、**IProperty**、**INode** 和 **IItem**）浏览服务器以确定哪些数据可用。客户端选择所发现的项的一个子集，并将所发现的项保存下来供后续使用。发起浏览的客户端可以是一个显示信息编辑器、对话编辑器或数据库生成器。随后，先前保存的项被取回用于为一个或多个客户端创建的订单对象组构建其项描述。订单对象被创建后，可用于读、写或订阅数据。一个订阅或异步读写引发服务器对 CallBack 对象的一次回调。对于成功建立的订阅，回调会一直进行直至客户端取消。服务器何时进行回调由订阅参数控制。

　　HSDA 服务的接口包括服务器接口、会话接口、类型浏览接口、性质浏览接口、节点浏览接口、项浏览接口、订单和订单管理器接口、简单读写接口等。

　　1. 服务器接口

　　服务器接口 DAIS::Server 接口是 HSDA 的根接口，所有的 HSDA 服务调用必须从此接口开始。DAIS::Server 接口通常情况下实现为一个持久的对象，通过名字服务或其他服务定位到该对象后进行访问。通过 DAIS::Server 对象可以创建任意多个数据访问会话对象。

服务器运行状态由 ServerState 枚举定义，用于描述 HSDA 服务器运行状态。正常运行的 HSDA 服务器其运行状态应为"服务器正在运行"（SERVER_STATE_RUNNING）。其他取值包括 SERVER_STATE_FAILE（服务器产生严重错误，不再提供服务）、SERVER_STATE_NOCONFIG（服务器未加载配置启动，不能正常提供服务）、SERVER_STATE_SUSPENDED（服务器暂停，不再获取和发送数据。服务器处于暂停状态时读取的数据其质量码为 OPC_QUALITY_OUT_OF_SERVICE）和 SERVER_STATE_TEST（服务器以测试模式运行）。

服务器状态除运行状态外，还包括启动时间、当前时间、会话数量、数据版本号、开发商信息等。

方法 find_views()用于返回服务所支持的视图。方法 create_data_access_session()采用默认的视图创建一个指定名称的 HSDA 会话。方法 create_data_access_session_for_view()使用指定的视图创建一个指定名称的 HSDA 会话。

2. 会话接口

数据访问（DataAcess）的会话接口继承于 DAIS::Session，提供了一系列子接口用于数据的浏览和读写操作。客户端可以通过浏览接口将服务器的类型和对象信息以树形结构进行展示，通过订单接口对浏览的数据进行读写操作。

会话接口对象通过服务器接口对象创建。每个会话对象关联一个 DAIS::ShutdownCallback 对象。如果客户端注册了回调对象，当 HSDA 服务器主动退出或主动关闭此会话时，将通过回调对象通知客户端。

每个会话都有会话状态。会话状态用结构 SessionStatus 管理。SessionStatus 中包括会话名称、创建时间、当前时间、会话发送最新一次更新的时间、当前会话的组个数等。

除状态属性访问和关闭接口的方法外，会话中还包含与会话关联的组（DAIS Group）服务根对象、简单读写服务根对象、节点浏览服务根对象、项浏览服务根对象、类型浏览根对象及性质浏览根对象等一系列接口的根对象。使用这些根对象可以方便地调用与会话关联的各种接口。

3. 类型浏览接口

类型（Type）是相关的性质和关联的集合。每个节点都有一个类型，类型的所有性质都应用到节点上。每个类型都通过一个 ResourceID 标识，并且有一个标签和描述。类型可从任何节点的 TypeID 获取。

4. 性质浏览接口

性质（Property）是一个节点可用一个值来描述的特征。一个给定的性质可以应用于多个节点，每一个这样的节点将有一个项对应到这个性质。每个性质都用一个 ResourceID 标识，具有一个标签、描述及数据类型。

性质在服务器的一个或多个视图中以节点的形式展示。当性质以节点形式展示时，节点的 ResourceID 与性质的 ResourceID 相同。性质的父节点必须是所属的类型，性质的标签和节点的标签相同，性质的描述和节点的描述相同。

Property 的 find()方法可查询单个性质的描述信息。方法 find_each()用于查询一组性质的描述信息。方法 find_by_node()用于查询一个节点下的所有性质。方法 find_by_type()查询一个类型下的所有性质。

5. 节点浏览接口

一个节点可以表示真实世界的一个对象，例如一个位置或一个设备；也可以表示一个模式项，例如一个类型或性质。

为了命名的目的，节点可以展示为一个层次结构。一个服务器可以提供一个或多个这样的层次结构，每一个层次结构被称为一个视图（视图在会话初始化时选择）。在一个视图中，除了根节点，每个节点都有一个唯一的父节点、在同一个父节点下唯一的标签名和一个全局唯一的路径名。路径名包含父节点的路径名和自身的标签名，路径名必须是一个有效的 URI，路径名的分隔符由服务器定义。

节点的方法 get_root()用于获取根节点。方法 find()用于查询单个节点的描述信息。方法 find_each()用于查询一组节点的信息。方法 find_by_parent()用于查询一个节点下的所有子节点（仅获取节点下一级的子节点）。方法 find_by_type()查询一个节点下的所有指定类型的子孙节点（遍历此节点下的所有节点直到叶子节点）。客户端可使用 get_pathnames()方法查询一组节点的 ID 对应的路径名，如果指定的节点 ID 服务器不能识别，则对应的路径名返回空字符串；可使用方法 get_ids()查询一组路径名对应的节点 ID。

6. 项浏览接口

项（Item）可以理解为节点的性质实例。项的标签（label）取值为性质的标签，同一个父节点下的项标签唯一。项的路径名由父节点路径名、分隔符和自身标签组成，路径名全局唯一。

要访问一个 Item 必须具有访问权限。权限分为读、写、读写。

项浏览接口的 find()方法用于查询单个项的描述信息。方法 find_each()用于查询一组项的信息。方法 find_by_parent()用于查询一个节点下所有子项（仅获取节点下一级的子项）。方法 find_by_type()用于查询一个节点下的所有符合过滤条件的子孙项（遍历此节点下的所有节点）。方法 get_pathname()用于查询一组项的路径名。方法 get_ids()用于查询一组项的路径名对应的项 ID。方法 get_access_paths()用于查询项的访问路径。

7. 订单和订单管理器接口

一个订单（Group）是项的集合和到一个或多个项取值消费者的连接。订单的目的是将选择的项取值数据传送到客户端，客户端使用一个回调对象连接到订单用以接收项取值数据。项可作为一个订单项（GroupEntry）添加到订单或从订单中移除。一个订单用更新率来限定将订单项数据变化通知到回调对象的频率，同时还有其他的状态用于控制订单的通知行为。

公共订单（PublicGroup）是用预定义的订单项集合初始化的订单。客户端可以添加或删除公共订单。服务器可以将公共订单作为一个节点展示，允许客户端通过名称定位公共订单。

订单对象由会话对象创建，其生命周期与所属的会话相同，即意味着销毁会话的同时，此会话下所有的订单也将被销毁。订单由订单管理器（DAIS::DataAccess::Group::Manager）进行管理。

订单相关的接口方法包括查找所有公共订单的 find_public_groups()方法，查找指定订单的 find()方法，创建订单的 create_group()方法，从公共订单中复制订单的 clone_group_from_public()方法，删除订单的 remove_public_group()方法。

订单管理器由 DAIS::DataAccess::Group::IHome 对象创建。订单管理器接口继承于数据访问接口，支持三种读取数据操作和两种写入数据操作。

三种读取数据操作包括同步读取、异步读取和订阅数据。同步读取是客户端通过 sync_read()方法获取到读取结果。异步读取指客户端调用 async_read()方法，通过回调对象返回读取结果。订阅数据的数读取方法，则是服务器通过回调对象返回变化的数据。订阅机制能够保证客户端高效地获得服务器数据的变化。

两种写入数据方式包括同步写入和异步写入。同步写入由客户端调用方法 sync_write()，当所有数据写入完成时方法返回。使用异步写入时，客户端调用方法 async_write()后立即返回，当所有数据写入完成后，客户端会收到回调通知。

与项读写相关的数据结构包括 ItemError（项错误）、State（订单状态）、数据源枚举（DataSource）、项状态（ItemState）、项更新结构（ItemUpdate）、订单项描述（Description）、订单项详细描述（DetailedDescription）、订单项访问结果

（ItemResult）、句柄关联（HandleAssociation）等。

订单管理器接口中除包含前述的同步、异步读写函数外，还包括获取订单状态的 get_state()方法，设置订单状态的 set_state()方法，克隆订单到公共订单的 clone_group_to_public()方法，用于订单回调的属性 cllback，创建订单项的 craete_entries()方法，校验订单项的 validate_entries()方法，从订单中删除一个或多个订单项的 remove_entries()方法，激活和去活订单项的 set_active_state()和 set_inactive_state()方法，重新绑定一组订单项期望返回的数据类型的 set_data_types()方法，创建订单项迭代器的 create_group_entry_iterator()方法，强制异步订单中订单项数据刷新的 refresh()方法，取消异步操作的 cancel()方法，数据改变是否通知的 enable 属性，撤销订单的 destroy()方法等。

8. 简单读写接口

简单读写（SimpleIO）提供一种简单读写数据的方法。SimpleIO 接口的功能与订单的同步读写数据的功能一致，但使用简单读写接口时无需创建订单。SimpleIO 中定义了用于简单读写的 ItemState（项状态）、ItemError（项错误）、ItemUpdate（项更新）结构，与订单中的数据结构类似，但略微简单。

简单读写直接通过读取方法 read()、写入方法 write()、带质量码和时标的写入方法 write_with_qt()实现数据的直接读写。

五、通用事件与订阅

通用事件与订阅（GES）是分布环境中高效传输事件消息和报警确认消息的一个接口。

类似于 HSDA，GES 支持视图方式资源浏览定位，也可与其他数据访问接口尤其是 GDA 接口协同，如使用 GDA 获得目标访问对象的资源标识。

GES 事件通知（Eventing）能够基于被管理数据对象的层次结构发布和订阅。将区域作为一个中介，事件/消息发布者就可与订阅者无关。GES 不限制一个区域对象所表示的内容。它可能是一个主题层次结构的一个叶节点，也可能是层次结构中一个更大的部分（用于订阅层次结构中多节点的一般信息）。

客户端通常使用一个按照已知主题层次化组织的数据。GES 并不对已知层次视图（如基于 CIM 的视图）的表达进行规范。IEC 61970-402 公共服务规范中描述的 IEC TC57 名字空间的方法为服务器展示已知层次视图提供了手段，将 IEC TC57 名字空间和 IArea/ICategory/IType 接口一起使用为面向 CIM 的订阅提供了基础。GES 描述了将 CIM 对象有序放置在一个层次结构中以及组件在建立事件订阅时如何使用这些层次结构的标准机制。

GES 规定了所需使用的对象数据模型，并定义了服务器接口、会话接口、订阅接口、事件区域和事件源接口、条件空间接口、事件源条件接口、事件类别接口和事件回调接口等。利用这些接口，GES 服务器和客户端完成事件订阅与通知的各项操作。

1. GES 信息模型

GES 信息模型中，源（Source）类表示报警的对象，用于标识事件来源；区域（Area）类在层次结构中组织源对象；类别（Category）及其子类定义报警处理归类；条件空间（ConditionSpace）定义报警处理类型，一个 ConditionSpace 中包含多个定义告警条件（Condition）对象。类型（Type）定义源的类型，性质（Property）定义 Type 中包含的性质。

GES 中的 Source 指的是事件来源，如断路器位置、模拟量测、机柜、发电机等，也可以是一个应用程序。Area 用于创建层次化的源。一个区域可包含其他区域和本区域内的源。客户端可通过指定区域过滤条件以限定收到的事件通知内容。

GES 明确规定有三大类别的事件与告警，分别为"简单（Simple）"，常指不需报警的事件；"追踪（Tracking）"—用于跟踪操作人员的动作；以及"条件（Condition）"，用于越限报警。三种类别可以进一步分成若干子类别。

ConditionSpace 定义报警类型。Condition 定义一个属于 ConditionSpace 的状态，每个 Condition 用描述值域的规则描述。SourceCondition 描述 Source 的当前活动状态。一个 Source 可有多个 SourceCondition，每个 SourceCondition 必定属于某个特定的 ConditionSpace。确定的 SourceCondition 与 ConditionSpace 中特定的 Condition 对应。

简单事件包括如下数据：源对象的标识、时标、消息文本、类别、严重性、性质列表等。

追踪事件（TrackingEvent）由参与者或运行人员发起。典型的动作为数据录入、命令或确认。追踪事件除具备简单事件的数据外，还包括参与者或运行人员的标识。

条件事件（ConditionEvent）除包含简单事件（SimpleEvent）数据外，还包括 ConditionSpace 的标识、Condition 的标识、需确认标志、发生时间、变化说明、源的条件操作状态、事件标识、数据值质量。

2. 服务器接口

GES 服务器接口（IServer）与 DAIS 的服务器接口合并在一个 IDL 中定义。GES 特定的部分是创建报警和事件会话的两个方法。其中一个方法是 create_alarms_and_events_session()，用于创建报警和事件会话；另一个方法是 create_alarms_and_events_for_view()，用于针对视图创建会话。

如果一个服务器支持多个层次结构，使用 create_alarms_and_events_for_view()方法较为方便。每个层次对应于一个视图。

3. 会话接口

会话是一个实现了事件和警告功能的对象，GES 会话接口继承了 DAIS::Session 接口的关闭回调和服务器状态功能。在会话接口中包括一系列服务，支持通过客户端的浏览及订阅等访问需求。

4. 订阅接口

订阅对象可以创建多个订阅管理器。

事件和报警应用客户端通过订阅跟踪目标对象所产生的事件和报警信息。事件订阅由客户端发起。客户端查询可用的过滤器并创建订阅，将回调地址传递给服务端。在发起订阅时，客户端通过选定期望返回的性质和屏蔽不期望的事件通知，实现对所关心的目标事件和事件相关性质的订阅。客户端还可设定服务器发送事件的最小时间间隔及每次回调所发送事件的最大个数。

客户端通过创建订阅返回的订阅管理器对订阅进行管理。订阅管理器包含一个事件过滤器对象，事件过滤器用于规定哪些事件需要发送给客户端。GES 服务器可能支持不同的过滤功能，在此情况下，客户端可询问服务器支持何种过滤功能。每一个订阅管理器都关联到一个客户端的回调对象，用于服务器向客户端发送警告和事件。

客户端在不使用订阅后，应主动销毁订阅以减轻 GES 服务器的负担。

客户端可使用 async_read_history()方法查询历史事件，即从一个起始时间点向前或前后异步读取指定数目的事件历史。事件历史的大小是由服务器规定的，不受客户端的控制。

刷新操作 refresh()请求将当前服务器的事件发送到客户端。服务器收到 refresh()请求后，通过回调接口将事件通知到客户端。

各类型的异步操作可通过 cancel()方法取消。

为证明连接是活动的，服务器在没有事件产生的情况下，需向客户端定时发送空序列。

5. 事件区域、源接口

一个事件区域是一个节点，是其他事件区域和事件源的集合。事件区域接口继承于 DAIS::Node::IHome 接口，用于浏览事件区域层次结构。

一个事件源是一个节点，被事件区域所包含，对应到一个生成事件的对象。通过事件源接口可激活或关闭特定条件。

6. 条件空间接口

条件空间（ConditionSpace）是一组条件的集合。可通过直接查询 find()以及条件空间的基于源查询 find_by_source()、基于类别查询 find_by_category()等方法获取条件空间的描述。

7. 事件源条件接口

事件源条件（SourceCondition）是关联到 ConditionSpace 中的一个事件源，通过事件源接口访问。

客户端利用 find()方法获取指定 SourceCondition 的详细描述，可通过调用 ack_condition()方法确认一组 SourceCondition。

8. 事件类别接口

事件类别接口用于浏览事件类别。可通过 get_main_categories()方法获取三个主类别：simple、condition 和 tracking。三个主事件类别的标签分别为：DAIS_SIMPLE_CATEGORY、DAIS_CONDITION_CATEGORY 和 DAIS_TRACKING_CATEGORY，这三个主事件类别作为三个不同的根类别。

客户端使用方法 get_event_properties()获取指定类别的事件中包含的性质 ID。另外继承自 DAIS::Node::IHome 的系列方法可实现查询指定类别（节点）、查询多节点以及完成节点路径和 ResourceID 的互译等操作。

9. 事件回调接口

事件回调接口由客户端实现。

通过回调传送的事件是对应到三个主类别的三种格式的事件：简单事件、条件事件和追踪事件。

三种格式的事件都有一个公共部分。追踪事件在公共部分基础上附加了操作者信息。条件事件则在公共部分之上附加了事件源条件信息。

事件回调接口中最重要的方法是 on_event()，即事件通知方法，客户端用此方法接收各类事件。

当客户端调用了 async_read_history()方法后，服务器将用方法 on_read_complete()传送历史事件数据。

六、时序数据访问

时序数据访问（TSDA）定义高效传输历史数据的一个通用接口。

TSDA 与 HSDA、GES 等接口配合，分别完成对不同类型数据的有针对性的访问。与 HSDA、GES 接口类似，TSDA 使用的对象标识、CIM 模式等应与 GDA 相同，通过 GDA 接口获得对象标识等信息后，TSDA 接口不使用浏览接口也能够直接进行历史数据访问。

TSDA 信息模型定义的数据类型有：类型（Type）、性质（Property）、项属性定义（ItemAttributeDefinition）、项属性（ItemAttribute）、节点（Node）、项（Item）、项取值（ItemValue）、项取值修改（ModifiedItemValue）、注释（Annotation）、集合算法定义（AggregateDefinition）等。

TSDA 的 Type，描述具有相同时间序列特征的对象，如数据值、计算值间的时间间隔。因此，TSDA 的 Type 与 HSDA 的 Type 是不同的。HSDA Type 用于描述在 CIM 中定义的类型，TSDA 的 Type 没有相应的 CIM 类型。

基于 TSDA 接口在客户端和服务器间（双向）传送的时间序列消息其有效载荷由项 ID 和项取值组成。项 ID（ItemID）是项在服务器中的唯一标识符；项取值（ItemValue）为带时标数据，每个值由一个数据值（ItemValue.value）、一个质量码组成（ItemValue.quality）及时标（ItemValue.time_stamp）组成。质量码用于标识该值是否可靠，时标指示该值是何时记录，或该值是未来的一个计划值。

TSDA 接口分为浏览、数据访问、管理和回调等几组。浏览接口用于查找数据，对应于 Browser 对象。数据访问接口用于访问数据，对应于 Session 对象。管理接口用于管理服务器和客户间的连接。回调接口由服务器使用以向客户提交数据。

TSDA 服务器是一个实现了 IServer 接口的对象，可能有多个客户端使用它。服务器对象有一批 Session 对象。实现时，可以把 Server 和 Session 对象组合成一个对象。

服务器接口中具有服务器状态、服务器支持的功能、服务器返回时间序列数据长度的属性，以及用于创建会话的方法。

1. 服务器接口

服务器接口是 TSDA 根接口，所有的 TSDA 服务调用必须从此接口开始。
Server 对象作为服务器的持久对象，发布名称一般为"HDAISServer"，可以通过 CORBA 直接获取，获取 Server 对象后，可通过此对象进行创建会话等操作。

服务器接口中，使用继承的 status 属性用于返回服务器当前状态。继承的 supported_functions 属性给出服务器支持的功能声明（支持 HSDA、GES、TSDA 或三者的组合），对于 TSDA 服务器，返回的值必须包含 DAIS_HAD。继承的 find_views()方法用于查看所有视图。

在 HDAServer 接口中定义的 create_historical_data_access_session()方法针对默认的视图创建一个指定名称的会话。方法 create_historical_data_access_session_for_view()针对指定视图创建一个指定名称的会话。此外，max_returned_values 只读属性用于返回服务器支持的每个 Item 返回的最大数据个数。如果属性取值为 0，表示服务器对每个 Item 返回的最大数据个数没有限制。

2. 会话接口

所有的读写操作必须通过会话接口来完成。会话是通过 Server 接口创建的。

会话接口提供了一系列子接口用于浏览和读写数据。对于客户端，可以通过浏览接口将服务器的类型和对象信息以树形结构展示出来，通过对应的读写接口对数据进行读写。

服务器的每个会话对象关联着一个关闭回调对象。如果客户端注册了回调对象，当 TSDA 服务器主动关闭或主动关闭此会话时，将通过回调对象通知客户端。

会话接口通过 create_browser()方法创建浏览对象，以便进行数据和模式信息的浏览。会话接口包含多个子接口。通过会话接口获取到相应接口的对象后，完成项取值读写、修订值读取、项属性读取和项注释读写。

3. 浏览接口

浏览接口是一组子接口的集合，包括类型浏览、性质浏览、节点浏览、项浏览、属性浏览和集合运算浏览。

浏览接口中的 Type 和 Property 浏览与 HSDA 相同。

节点浏览接口（DAIS::HDA::Node::IHome）继承于 DAIS::Node::IHome 接口的 Node 浏览接口，仅增加了一个获取根节点的 get_root()方法。

项浏览接口（HDAISItem）方法的签名及语义与 HSDA 的项浏览非常相近，但由于历史数据和实时数据项的基础描述差异较大，HDAISItem 未继承 HSDA 的项接口，重新做了完整的定义。

项属性（ItemAttribute）接口用于浏览项的属性定义。可通过一个属性 ID 查找对应的属性描述，也可以直接查询服务器所有的属性描述。

集合运算浏览接口用于浏览集合运算定义。接口方法包含通过一个集合运算 ID 查找对应的集合运算描述的 find()方法，也包括查询服务器所有的集合运算描述的 find_all()方法。

4. 读写接口

读写接口包括同步和异步的各类读写接口，用于读写项取值的历史数据。

读取数据的方法包括同步读取数据、异步读取数据、订阅数据、回放数据。客户端期望读到的数据分为原始数据和集合运算数据两大类。

更新数据的方法包括同步更新数据、异步更新数据。数据更新时，分插入、替换及插入替换三种形式，分别对应仅插入（即如果数据不存在则插入，如果已存在则不操作）、仅替换（数据存在则替换，数据不存在则不操作）及插入或替换（如果数据不存在，则插入；如果数据存在，则替换）。

相应上面的读写方式，读写接口被分为多个子接口，包括同步读（SyncRead）、同步更新（SyncUpdate）、异步读（AsyncRead）、异步更新（AsyncUpdate）以及回放（Playback）。

SyncRead 接口中的各方法用于同步读取项取值。方法 sync_read_raw()用于同步读取原数据，即同步读取一个或多个 Item 在指定时间段内的原数据的取值、质量码、时标。方法 sync_read_processed()用于同步读取运算数据，即使用此方法从历史数据中读取一个或多个 Item 在指定时间段内的集合计算值、质量码和时标。此方法从起始时间开始，每个采样间隔（sample_interval）时间段做一次指定的集合计算（进行集合计算时不包含结束点取值，结束点作为下一次集合计算的起始进行计算）。方法 sync_read_at_time()同步读取点数据，用于同步读取一个或多个 Item 在指定时间点原数据的取值和质量码。

SyncUpdate 接口用于同步更新项取值。方法 sync_insert()同步插入新的项取值数据。方法 sync_replace()同步替换已存在的项取值数据。方法 sync_insert_replace()同步方式执行插入或替换 ItemValue 数据的操作，即如果数据不存在则插入更新数据，如果数据已存在则替换存在的数据。方法 sync_del_raw()删除一个时间段内的所有项取值数据。方法 sync_del_at_time()以同步方式删除指定时间点的项取值。

相对于同步方式直接等待操作返回，异步读写则在客户端将操作指令提交给服务器后立即返回，操作结果由服务器通过回调通知客户端。

AsyncRead 接口用于异步读取项取值。方法 async_read_raw()异步读取一个或多个项在指定时间段内的原数据的取值、质量码、时标，方法 async_read_at_ time()同步读取指定时间点的项取值，所需的读取结果均通过读写回调的方法 on_read_complete()返回。方法 async_read_processed()异步读取运算数据，其语义与同步读取运算数据相同，仅数据需要通过读写回调的方法 on_read_complete() 返回。方法 subscribe_raw()实现原始数据的订阅，该方法读取从指定的开始时间的现存数据。并且，当有新数据被记录时继续将数据传输给客户端。数据的传送通过服务器的 on_data_change()方法实现。相应地，方法 subscribe_processed() 实现运算数据的订阅。

AsyncUpdate 接口用于异步更新项取值。方法包括用于异步插入的 async_insert()，用于异步替换的 async_replace()，用于异步插入或替换的 async_insert_replace()，用于异步删除原数据的 async_del_raw()，用于异步删除指定时间点数据的 async_del_at_time()等。这些方法的更新结果均通过读写回调的 on_update_complete()返回。

Playback 接口用于从服务器回放项取值，包括回放原始数据的 playback_raw_with_update()方法和回放运算数据的 playback_processed_with_update()方法。

5. 修订值、项属性读取接口

修订值读取（ModifiedValueIO）接口用于读取项值的修订数据。这个接口只有读取方法，没有写入方法。数据的修订是通过数据的更新完成，每一个成功的更新都会产生一个修订记录。方法 sync_read_modified()同步读取一个或多个项在指定时间段内的修订数据。此方法返回被修订的原始值，只有修订的数据才通过此方法返回。方法 async_read_modified()异步读取修订值，读取的数据结果通过读写回调的 on_read_modified_complete()返回。

项属性读取（ItemAttributeIO）接口用于读取项属性取值时序数据。此接口使用项的句柄作为标识，使用前应先将客户端和服务器句柄建立关联。包括同步读取属性的 sync_read_attribute()方法和异步读取属性的 async_read_attribute() 方法。

6. 注释读写接口

注释读写（AnnotationIO）接口实现项取值注释的读写，包括同步读取注释方法 sync_read()、同步插入注释 sync_insert()、异步插入注释 async_insert()等。

7. 客户接口

TSDA 客户接口由客户端实现，用于接收服务器的回调。

客户接口（HDA::Callback）包括各类异步读写接口中的回调。

其中项取值回调（DAIS::HDA::ValueIO::Callback），用于异步读写项取值历史数据的返回，对应于 AsyncRead 和 AsyncUpdate 接口。接口中方法 on_data_change()接收数据改变，on_read_complete()用于处理读取完成，on_update_complete()用于处理更新完成。

回放回调（DAIS::HDA::ValueIO::PlaybackCallback），用于回放操作的回调。对应于 Playback 接口，包含处理数据回放的方法 on_playback()。

注释回调（DAIS::HDA::AnnotationIO::Callback），用于异步读写项取值注释历史数据的返回。对应于异步读取注释 async_read()和异步插入注释 async_insert()方法，用方法 on_read_annotation_complete()处理读取注释完成，用方法 on_insert_annotation_complete()处理插入注释完成。

项属性回调（DAIS::HDA::ItemAttributeIO::Callback），用于异步读写项属性历史数据的返回。对应于方法 async_read_attribute（异步读取属性）。用方法 on_read_attributes_complete()处理读取属性完成。

修订回调（DAIS::HDA::ModifiedValueIO::Callback），用于异步读取项取值修订历史数据的返回。异步读取修订使用方法 async_read_modified()。用方法 on_read_modified_complete()处理读取修订完成。

服务器主动关闭会话时，通过客户端实现的 shutdown_notify()方法通知。这种处理方式对基于会话的 HSDA、GES、TSDA 接口都适用。

第二节　OPC 统一架构

IEC 61970 引入 IEC 62541 OPC 统一架构标准作为第二代的 CIM 数据访问规范。

OPC 统一架构（OPC UA）作为 OPC 基金会在 COM/DCOM 为基础的第一代 OPC 技术规范上开发的平台独立的接口规范，其能力覆盖了原有 CIS 规范并有一定程度的提升，从 2011 年起成为电力系统管理及其信息交换领域被 IEC TC57 认可的新一代的组件接口规范。

OPC UA 已经作为 IEC 62541 标准由 IEC TC65E 制定出版。OPC UA 规范版本独立演化升级（2017 年 11 月发布 1.04 版），IEC 62541 跟随升级，两者大致保持同步。2011 版的 IEC 62541（OPC UA 1.02 版）被等同采用为推荐性国家标准 GB/T 33863。

OPC UA 抽象建立完备的信息模型，将待交换的各类信息统一到一个单一的地址空间。通过丰富的服务支持模型和实时数据处理、报警和事件、历史数据以及事件历史等数据访问。在将公共信息模型映射到 OPC UA 信息模型后，可方便地支持基于 CIM 的电力系统信息交换。

一、OPC UA 概况

经典的 OPC 实质性地标准化了从过程层到管理层的信息流。DA 规范规定如何访问过程数据当前值。A&E 描述了基于事件的信息接口，包括报警和确认。HDA 描述了访问历史数据的函数。这些规范契合工业自动化的监控需求，允许标准化地读取和写入自动化设备上的当前数据，访问和处理事件及历史数据。但受限于其所基于的 COM/DCOM 技术，经典 OPC 规范无法应用于更广的范围，OPC 基金会期望通过 OPC XML–DA 这样一个供应商和平台中立的通信基础设施弥补 OPC 原始规范的不足。但相对于 COM 版本，XML Web 版本的服务性能欠佳，并且原始 OPC 版本无法建模复杂系统中的复杂数据，这促使了 OPC UA 的诞生。

OPC UA 核心需求包括两方面：建模系统和信息、为分布式系统提供信息交换支持（见表 5–1）。

表 5–1　　　　　　　　　　OPC UA 的 需 求

分布式系统通信	数据建模
• 可靠性	• 所有 OPC 数据的常见模型
• 平台独立性	• 面向对象
• 可伸缩性	• 扩展类型系统
• 高性能	• 元信息
• 因特网和防火墙友好	• 复杂数据和方法
• 安全和访问控制	• 从简单到复杂的可伸缩模型
• 互操作性	• 抽象基础模型
	• 可扩展其他标准数据模型

建模方面，需要提供一个可扩展的类型系统，基于元信息定义应用系统信息模型，并协同管理信息模型和对象数据。

通信方面，为分布式系统间通信提供高可靠性是非常重要的，同时，为了替代专用通信，在企业内网中必须保证高性能。新规范还须满足互联网通信的需求，即必须具有穿透安全和访问控制防火墙的能力。尤为重要的是，规范需支持不同系统间的互操作。概况来讲，OPC UA 通信机制能够提供安全、可靠的通信，并保持良好的性能和良好的互操作性。

相比于传统 OPC，OPC UA 的技术改进主要体现在：① 具有统一的地址空间与信息模型。② 增强的命名空间。③ 集成的 API。OPC UA 的服务集可以在同一 OPC 服务器下更方便地访问模型、实时、历史、报警数据，避免了通过不同 OPC 服务器各自 API 访问不同的数据，同时也简化了服务器开发时 API 重叠的问题。④ 兼顾效率的松耦合性。OPC UA 在支持 Web 服务纯文本编码的形式基础上，加入相对更为高效的二进制编码，在不同级别使用不同通信配置，提高整个系统的效率。如在实时性要求较高的应用环境中使用二进制编码，而在信息传输不频繁的企业应用层使用简单对象访问协议（Simple Object Access Protocol，SOAP）编码。⑤ 多平台支持。抽象服务可通过任何语言实现，可应用于嵌入式系统、工作站、大型机等各种平台。⑥ 更高的安全性。

OPC UA 的这些改进使其能满足电力系统信息交换的需求。

二、OPC UA 规范内容

OPC UA 的基础组件是信息传输机制和数据建模，顶层组件包括 UA 服务、OPC UA 数据、业务数据管理。

为了针对应用场景提供恰当的传输支持，OPC UA 支持两种类型的传输机制。支持高性能企业内部通信，使用优化的二进制传输控制协议（Transmission Control Protocol，TCP）；支持防火墙友好的互联网通信，使用类似 Web 服务的基于 XML、HTTP 等互联网协议。

数据模型定义了信息模型基础构件及建模规则，也定义了地址空间入口及建立类型层次需要的基本类型。

UA 服务是数据提供者（服务器）和数据消费者（客户端）之间的接口。服务以抽象方式定义，使用传输机制在服务器与客户端间交换数据。

OPC UA 数据本身的信息模型是预定义的，其他组织可以在 OPC UA 基础上定义业务数据的信息模型。如 IEC TC57 CIM 就是 IEC 定义的，可以基于一定的映射规则被 OPC UA 体系管理。

OPC UA 规范由 14 个部分组成（见图 5-4）。

第一部分——概念，描述 OPC UA 服务器和客户端的基本概念。

第二部分——安全模型，描述 OPC UA 客户端和 OPC UA 服务器之间安全交互的模型以及安全要求。

第三部分——地址空间模型，定义了公开对象实例及类型信息的构建，从而能够用 OPC UA 元模型来描述和公开信息模型并构建 OPC UA 服务器地址空间。

第四部分——服务，指定了 OPC UA 服务器提供的所有服务，OPC UA 客户端可通过这些服务与服务器进行交互。客户端使用服务来查找和访问服务器提供的信息。

第五部分——信息模型，详细说明为 OPC UA 服务器定义的标准数据类型和它们之间的关系。主要内容包括地址空间入口点、构建不同类型层次结构所用的基础类型、内置和可扩展的类型、服务器对象的容量和诊断信息等。

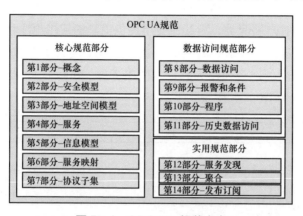

图 5-4　OPC UA 规范内容

第六部分——服务映射，说明 OPC UA 支持的传输映射和数据编码机制。

第七部分——协议子集，定义了 OPC UA 功能子集。子集必须由 OPC UA 应用程序完全实现，以确保子集的互操作性。在客户端和服务器连接创建的时候，交换支持并使用的协议子集列表，从而允许程序确定对方是否支持自己需要的功能。

第八部分——数据访问，说明如何使用 OPC UA 进行数据访问。DA 信息模型定义了如何表示和使用自动化数据以及如何指定数据工程单位等特性。

第九部分——报警和条件，说明 OPC UA 对报警与条件的支持。AC 信息模型指定了过程报警、监视指定状态机的状态和事件类型。

第十部分——程序，详细说明了 OPC UA 对程序访问的支持。程序的信息模型定义了执行、处理和监视程序的一个基础状态机。

第十一部分——历史数据访问，说明如何使用 OPC UA 进行历史信息访问。

第十二部分——服务发现，说明 OPC UA 如何在网络中查找服务器，以及客户端如何获得需要的信息来建立与特定服务器的连接。

第十三部分——聚合，定义从原始数据计算样本值的方法，主要用于处理实时数据和历史数据。

第十四部分——发布订阅，定义 OPC UA 发布订阅通信模型，是 C/S 服务的一种替代形式。

三、OPC UA 系统架构

OPC UA 系统结构与传统 OPC 一样，都是客户/服务（C/S）结构，应用程序分为服务器和客户端两类。为其他应用提供信息的应用程序称为 OPC UA 服务器，使用其他应用程序信息的应用程序称为 OPC UA 客户端。对客户端和服务器的划分是相对的，一个作为客户端的服务器，可以是另外一个服务器的客户端，如图 5–5 和图 5–6 所示。

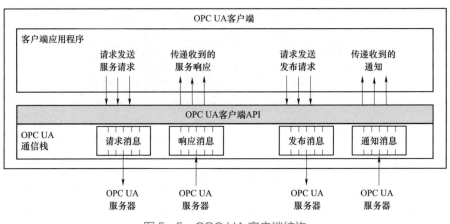

图 5–5　OPC UA 客户端结构

OPC UA 客户端与服务器的交互问答模式，二者之间的交互通过 OPC UA 的通信栈进行。

OPC UA 的客户端结构包括 OPC UA 客户端应用程序、OPC UA 通信栈、OPC UA 客户端 API。OPC UA 客户端使用 API 发送到 OPC UA 服务器的请求并接收响应。

OPC UA 的服务器包括服务器应用程序、真实对象、OPC UA 地址空间、发布/订阅实体、OPC UA 服务器接口 API、OPC UA 通信栈等，服务器使用 API 接收客户端消息并做出回应。

OPC UA 的软件层次如图 5–7 所示。软件栈可以使用 C/C++、Java 或 .Net 等编程语言实现。

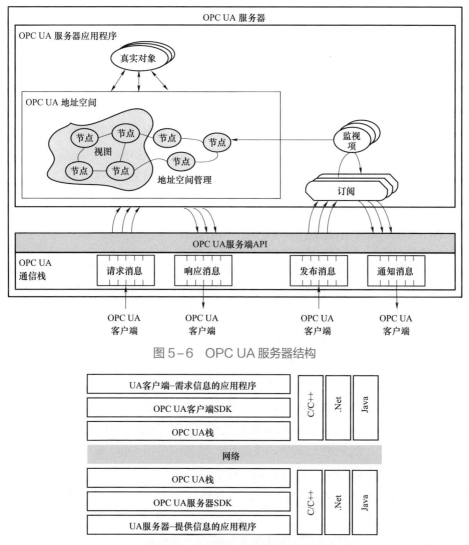

图 5-6　OPC UA 服务器结构

图 5-7　OPC UA 软件层次结构

OPC UA 服务器与客户端的主要交互过程包括两种：

（1）客户端发送服务请求，经底层通信实体发送给 OPC UA 通信栈，通过 OPC UA 服务器接口请求/响应服务，在地址空间的一个或多个节点上执行指定任务后，返回一个响应。

（2）客户发送订阅请求，经底层通信实体发送给 OPC UA 通信栈,通过 OPC UA 服务器接口在服务器中形成预定，当预定指定的监视项探测到数据变化或者事件/警报发生时，监视项生成一个通知发送给预定，并由预定发送给客户。

实现 OPC UA 公共功能的客户端或服务器 SDK 是应用层的一部分，因为 OPC UA 栈只实现通信通道。OPC UA SDK 减少了开发工作，并促进了 OPC UA 应用快速构建，而较少的 SDK 开发单位也对保证 OPC UA 的互操作性有帮助。

OPC UA 栈实现了 OPC UA 第六部分定义的不同 OPC UA 传输映射。OPC UA 定义了三个栈层并为每层定义了不同的配置，包括消息编码层、消息安全层和消息传输层。消息编码层定义一个二进制和一个 XML 格式的服务参数序列化方法。消息安全层指定通过使用 Web 服务安全标准或 UA 的二进制版 Web 服务标准来保证消息的保密。消息传输层定义了使用的网络协议，可以是 UA TCP、HTTP 或 Web 服务使用的 SOAP。

四、OPC UA 信息建模与地址空间模型

OPC UA 的基础是数据传输和信息建模。相对于传统的 OPC，信息建模能力大幅提高。传统 OPC 只能建模数据点，OPC UA 可提供更有效的展示数据语义的可能性。除了数据，OPC UA 还可给出数据所依附的对象，以及对象之间的关系，包括网状关系以及对象的层次包含关系。丰富的模型语义为客户端解析利用服务器数据信息提供了基础。

OPC UA 信息建模的基础原则包括：

（1）使用面向对象技术，包括类型层次结构和继承。

（2）信息模型（模式信息）可被客户端访问。能够像访问对象数据实例一样访问类型信息，包括类、属性、关联等。模式信息由 OPC UA 服务器提供，在元模式的指引下，可用与访问实例一样的机制访问。

（3）全网状的节点网络，允许信息以各种方式连接。OPC UA 可支持几种不同的层次结构，分别针对不同应用所需展示的信息语义。层次结构的节点可以互相引用。因此，同样的信息可以展示为不同的结构。

（4）类型层次结构以及节点间引用类型的可扩展性。OPC UA 可以通过几种方式扩展信息模型。如定义子类型，指定附加的引用类型、定义节点和方法之间的关系等。

（5）服务器端建模。OPC UA 的信息模型始终存在于 OPC UA 的服务器，而不是客户端。

IEC TC57 CIM 以面向对象方式定义电力系统信息模型，与 OPC UA 的信息建模方式相容，可以方便地用于实现管理电网信息的 OPC UA 服务器。

OPC UA 服务器为客户端提供的对象和相关信息被称为服务器的地址空间。

OPC UA 地址空间以一组用引用形式连接起来的节点来描绘它的内容。OPC UA 服务器在地址空间中一体化地管理了对象数据实例、信息模型及元模型。

OPC UA 服务器通过节点间的引用，把地址空间组织成一个孔型网状结构，但为了提高服务器和客户端之间的互操作性，一般将服务器地址空间节点以层次结构组织。

1. 节点和引用

OPC UA 建模的基本概念是节点（见图 5-8）以及节点之间的引用。

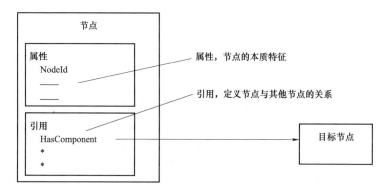

图 5-8　节点模型

节点可以根据不同的用途归属于不同的节点类型（NodeClass）。一些节点代表实例，另一些代表类型等。属性（Attribute）用于描述节点，根据节点类别，一个节点可以有不同的属性集。一个节点的属性取决于其 NodeClass。不同类型的节点有通用的属性（见表 5-2）。

表 5-2　　　　　　　　　节 点 通 用 属 性

属性	数据类型	说明
NodeId	NodeId	在 OPC UA 服务器中唯一确定一个节点，可用于在 OPC UA 服务中定位该节点
NodeClass	NodeClass	定义节点的类型，如一个节点可以是对象（Object）或方法（Method）等
BrowseName	QualifiedName	浏览名，浏览 OPC UA 服务器时确定节点
DisplayName	LocalizedText	节点名，用于在接口中显示的节点名称。通常是本地化的文本
Description	LocalizedText	节点描述
WriteMask	UInt32	指示哪个节点属性可被客户端改写
UserWriteMask	UInt32	指示哪个节点属性可被当前连接到服务器的用户修改

NodeId 在服务器中唯一标识一个节点。使用 NodeId 来引用节点，因而 NodeId

是定位及在服务间交换信息的重要属性。浏览或查询地址空间时，服务器返回NodeId，之后由客户端使用。一个节点可以有一个规范的 NodeId 以及多个可选的NodeId，规范的 NodeId 可以通过读取节点 NodeId 属性获得。NodeId 包含一个命名空间，允许不同的命名机构确定唯一的名字。浏览名（BrowseName）仅用于浏览目的，不应该用于显示节点的名称。DisplayName 和 Description 是本地化的。

WriteMask 表示的可写属性集必须相同或大于 UserWriteMask 表示的可写属性集。

节点的属性集是由 OPC UA 规范定义的，不能被扩展。如果对某节点需要描述必要的其他信息，必须用性质（Property）建模。

只具有公共属性的节点称之为基节点（BaseNode），BaseNode 是抽象的节点类型，不能被实例化。地址空间的所有节点都是由 BaseNode 派生而来，包括引用类型、对象、对象类型、变量、变量类型、数据类型、方法和视图共 8 类。

引用（Reference）描述了两个确定节点之间的关系。由源节点、目标节点、引用语义（即引用类型 ReferenceType）和引用方向唯一确定一个引用，如图 5-9所示。引用可以理解为指针，在一个节点中保存另一个节点的 ID 来指向另一个

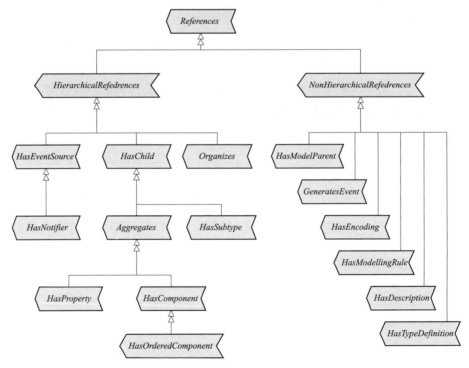

图 5-9 标准的 ReferenceType 树

节点。管理被引用节点的 OPC UA 服务器定义了引用类型和引用的方向。虽然引用连接两个节点，但服务器有可能只对外暴露一个方向。如果只有一个方向可用，则引用称为单向引用，否则称为双向引用。引用不包含任何属性或性质。如果要增加为引用增加附加信息，需要建立两个节点都连接的中间（代理）节点，在中间节点上添加性质。

引用的完整性要求非常低，即引用可能指向客户端不能访问到的节点，包括同一服务器不存在的节点或客户端无法访问的其他服务器中包含的节点。引用可能只暴露一个方向，而且可能会形成循环引用，客户端必须能正确处理这些情况。

引用在 OPC UA 中不是节点，所以不包含任何属性，引用通过所属的 ReferenceType 表明引用的语义。OPC UA 规范中定义了一套引用类型，引用类型可以由服务器扩展定义。引用类型在地址空间中也作为节点，除具备表 5-2 所列的通用节点属性外，ReferenceType 节点还包括表 5-3 所列的扩展属性。客户端可以通过访问引用所属类型信息来确认引用的语义。

表 5-3　　　　　　　　　　引用类型节点的附加属性

属性	数据类型	说明
IsAbstract	Boolean	指定引用类型是否可用于描述引用实例。如果为 true，表示当前的引用类型仅用于组织引用类型层次结构
Symmetric	Boolean	引用是否对称，即正反方向的意义是否相同
InverseName	LocalizedText	可选属性，适用于非对称引用，给出对端引用名称

引用分层次化引用和非层次化引用，在需要建立层次模型时，使用层次化引用；其他一些情况应使用非层次化引用。如 HasChild、Organizes 是层次化引用类型，可用这些类型的引用构建层次结构；HasTypeDefinition 是非层次化引用类型，指明一个实例的类型（指向实例的所属类型节点）。客户端根据信息访问需求使用引用，如在一个树形控件中显示层次化引用，则过滤掉非层次化引用。

2. 对象、变量和方法

在 OPC UA 中，最重要的节点类别是对象、变量和方法。这些概念在面向对象编程领域也为人熟知。对象拥有变量和方法，而且可以触发事件。

节点类别为变量（Variable）的节点代表一个值，该值的数据类型取决于该变量。客户端可以对这个值进行读取、写入和订阅其变化。变量常用于在地址空间中表示除引用和节点属性之外的任意其他数据，包括配置数据或描述节点的附加元数据。

节点类别为方法（Method）的节点代表服务器中一个由客户端调用并返回结果的方法。每个方法指定客户端应使用的输入参数和客户端希望得到的结果即输出参数。

节点类别为对象（Object）的节点用于地址空间结构。除了 DisplayName、Description 等描述节点的属性外，对象不包含数据。对象使用变量来对外提供值，并且不像变量一样拥有值（Value）属性。对象可用于分组管理变量、方法或其他对象。

方法和变量总是属于对象或对象类型，方法在变量的上下文中被调用。对象可作为事件通知器，客户端通过订阅事件通知器接收事件。

3. 对象类型和变量类型

OPC UA 不仅提供数据类型层面的类型信息，也提供对象层面的类型信息。OPC UA 地址空间定义了两种节点类别，ObjectType 用来定义对象类型，VariableType 用来定义变量类型。方法可以绑定到对象类型上，从而可以在对象上使用，没有必要定义"方法类型"。对象类型和变量类型的共同之处，就是它们都是类型定义。

对象类型分为简单的和复杂的。复杂对象类型定义其中包含的一些节点结构，这些节点在类型的每一个实例中出现，而简单对象类型只通过自身拥有的属性定义对象的一些语义。在 OPC UA 服务器的节点管理服务创建一个新对象时，必须提供对象类型。新对象的不需要显示指定的属性，可以由类型中的默认值填充。复杂对象类型使包含具有同样多节点配置的对象实例可以一次定义、多处使用。客户端也可以根据服务器提供的复杂对象类型定义为信息处理和展示编写特定的代码。CIM 中的类通常在 OPC UA 服务器中对应定义为复杂类型。公共的信息模型语义为客户端与服务器的信息交换提供极大的便利。

与对象类型类似，变量类型也分为简单的和复杂的。复杂变量类型暴露其实例下面的节点结构，而简单变量类型只定义变量的语义或限制其实例的 Value 属性的数据类型。变量类型通过附加属性为变量提供默认值的属性，以及是否为抽象层次的 IsAbstract 属性。

4. 数据类型

数据类型表示为地址空间中的节点。允许服务器定义自己的数据类型。

OPC UA 数据类型分为四种：

（1）内置数据类型。内置数据类型使一组固定的数据类型有 OPC UA 规范定义，不能被标准的或供应商的信息模型扩展，并提供了一些基本类型如 Int32、Boolean、Double，以及 OPC UA 指定的 NodeId、LocalizedText 和 QualifiedName 等。

（2）简单数据类型。简单数据类型是内置数据类型的子类型。客户端可以访问一个变量的 DataType 属性来获得有关简单类型的信息。信息模型可以添加自己的简单数据类型。在 OPC UA 服务器中管理 CIM 数据时，构造型为 DataType 的数据类型类一般映射为简单数据类型，这部分类型就是服务器扩展的简单数据类型。

（3）枚举数据类型。枚举数据类型代表一组命名的离散值。在传输时枚举总是和内置数据类型 Int32 一样的方式被处理。信息模型可以添加自己的枚举类型。

（4）结构化数据类型。结构化数据类型表示结构化的数据，是 Structure 抽象数据类型的子类型。用于用户自定义复杂数据类型。信息模型可以增加自己的结构化数据类型。

所有数据类型表示为地址空间中 NodeClass 为 DataType 的节点。该类型的节点在节点公共属性的基础上扩展了一个 IsAbstract 属性，用于指定 DataType 是否抽象。

OPC UA 协议中，内置的、简单的和枚举数据类型的编码是确定并经过优化的。应用程序应尽可能使用这些类型。支持复杂的用户自定义类型。

5. 视图

视图用于限制一个大的地址空间中可见的节点或引用的数量。通过使用视图，服务器可以组织自己的地址空间，并在地址空间上提供适合于具体任务或用例的视图。

有两种看待 OPC UA 视图的方式：

（1）视图是地址空间中的一个节点。这个节点提供了视图内容的入口点。所有属于视图一部分的节点，必须从视图节点开始访问。然而它们不一定直接被视图节点引用，也可以被连接到视图节点的其他节点间接地引用。

（2）视图节点的 NodeId 可作为浏览地址空间时的过滤参数。通过使用视图作为过滤，服务器可以限制访问视图之外的节点。因此，客户端在视图上下文中浏览地址空间只能看到地址空间的一个部分。视图上下文只在浏览和查询地址空间的服务中使用，不在读取或写入一个具体节点时使用。

当要访问视图内容时，通常从视图节点开始，然后把视图当做过滤器来浏览视图上下文。

视图由服务器定义，客户端使用服务器提供的视图。

6. 事件

事件与报警是信息系统的重要组成部分。OPC UA 客户端接收到的事件是由事件通知器发送的，客户端通过订阅事件通知器的形式设定其需要关注的对象。事件是有类型的，不同类型的事件有不同的字段。OPC UA 定义了一个可扩展的基本事件类型的层次。服务器中的事件类型层次结构可由客户端检索并根据事件类型和字段设定过滤条件，如图 5-10 所示。

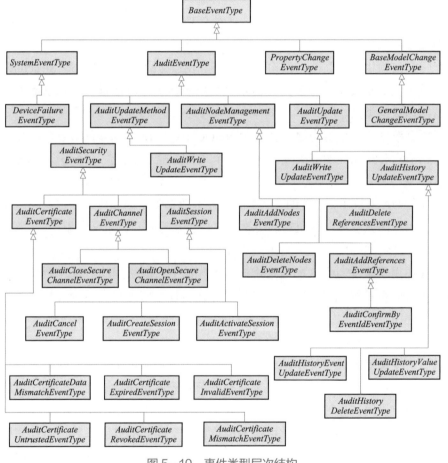

图 5-10　事件类型层次结构

OPC UA 定义了基本事件类型（BaseEventType），其他事件类型从此类型派生。

一个节点可以产生什么样的事件由该节点所属类型定义节点通过"GeneratesEvent"引用的事件类型确定。

五、服务

OPC UA 服务定义应用层的数据通信，OPC UA 客户端通过调用服务的方法，访问 OPC UA 服务器提供的数据。OPC UA 服务集定义了 UA 应用程序间的通信接口。客户端利用各种服务发现服务器、连接服务器并建立安全通道，通过浏览获得地址空间对象和数据信息，通过监视项和订阅跟踪数据变化。

1. 服务模型

OPC UA 服务是请求响应式。每个服务由请求和应答消息组成，请求和指示型服务原语的参数在 OPC UA 服务定义为请求参数，证实型和响应型服务原语的参数表达为响应参数。

为在服务器调用一个服务，客户端需要发送一个请求消息到服务器。在处理完成后，服务器会发送一个响应消息返回给客户端。由于消息的传递是异步的，所以所有服务的调用都被定义成异步的。在发送完请求消息后，客户端应用程序可以进行其他处理直至响应消息到达。大多数 OPC UA 栈的 API 为了编程方便，都提供了同步版本。

服务是有状态的，需要创建通信上下文（语境）以完成服务调用。

（1）消息头。服务调用的每个请求都包含通用的请求头（RequestHeader，见表 5-4），服务的响应也都包含通用的响应头（ResponseHeader，见表 5-5）。在消息头中包含了通用的服务参数，如会话令牌或服务调用结果等。

表 5-4　　　　　　　　请 求 消 息 头 参 数

参数	描述
Authentication（认证标记）	加密的会话标识符,用于分配服务器调用到客户端及服务器间创建的会话上下文
RequestHandle（请求句柄）	客户端定义的传送给服务器的调用（请求）句柄
Timestamp（时标）	客户端发送请求的时间
TimeoutHint（超时提示）	在客户端的 OPC UA 栈中设置的超时时间。服务器可以据此取消超时的长时间运行的调用
ReturnDiagnostic（返回诊断）	指明客户端是否请求服务器返回附加的详细诊断信息,或只返回一个状态码
AuditEntryId（审核项 ID）	字符串,用来标识初始化行为的客户端或用户。如果不使用就设置为空字符串

表 5-5　　　　　　　　　　应 答 消 息 头 参 数

参数	描述
ServiceResult（服务结果）	OPC UA 定义的服务调用的结果码
RequestHandle（请求句柄）	客户端的请求句柄
Timestamp（时标）	服务器发送应答的时间
ServiceDiagnostics（服务诊断）	返回给客户端的详细诊断信息

　　每个服务的请求参数和响应参数在消息头（请求头和响应头）的基础上再增加具体服务特定的内容。

　　（2）通信上下文。OPC UA 用通信上下文保持服务状态。部分服务不是用来传输数据，而是用来创建、保持以及修改不同层次上的通信上下文（见图 5-11）。

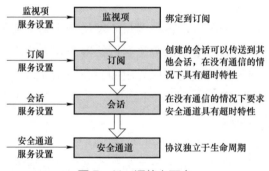

图 5-11　通信上下文

　　安全通道是底层的、独立于协议的通道，用于保证通信和消息交换的安全性。该层完全由 OPC UA 通信栈处理，通信栈隐藏了不同的协议。当第一次创建的安全通道生命周期结束后，需要进行更新，以降低安全通道的风险。

　　会话是两个应用程序之间的连接上下文。会话在安全通道之上创建，并存在于安全通道上下文中。会话的生命周期独立于安全通道，可以分配给会话另一个安全通道。会话有超时特性，当一个会话长时间没有访问时，服务器在超时时间到后，可以关闭会话释放资源。服务器接收到某个会话的服务调用时，该会话的超时时间将复位。

　　一个会话中能够创建多个订阅。订阅要求会话在数据变化会发生事件时传输信息给客户端。订阅可以被传递给另一个会话，例如当创建订阅的客户端不再可用时，如果有冗余备用的客户端，可以将订阅转移至该客户端。因此，订阅的生命周期独立于会话的生命周期，在每次数据或心跳信息发送给客户端后，订阅的超时会被复位。

在一个订阅中可以创建多个监视项，监视项用于定义需要监视数据改变的节点属性，或者定义需要监视事件通知的事件源。

（3）超时与错误处理。OPC UA 的数据通信用于在不同系统间交换数据，最常见的情况是服务器和客户端运行在不同的网络节点上或者在不同的进程里。探测并正确地处理错误很重要，尤其是在网络通信随时可能中断的情况下。对于在服务需要周期检测通信故障的环境里，超时的可配置性是一个重要概念。出于这个考虑，OPC UA 的每个服务调用都有它自己的超时时间，该超时时间可由客户端定义。如果超时时间到期，客户端的通信栈返回 API 调用，或者进行超时状态触发的回调。客户端设置的超时时间也会发送给服务器，用于确定不再需要返回给客户端的调用。

服务参数和服务处理中，错误处理都是重要的部分，因为不同厂商的分布式系统间的通信，可能在不同层次和不同情况发生错误。错误可能是普通的操作，如客户端填写了错误的参数；也可能是通信错误，如客户端和服务器间某个环节上的网络错误导致连接中断。

OPC UA 服务使用两种类型的错误信息。第一种类型的错误信息是称为状态码的错误码，该码为 32 位无符号整型数，高 16 位表示错误和条件，低 16 位是标记位，包含附加的信息。最高两位用于指出错误信息的总体严重性，可能有三种值：Good 表示成功，Uncertain 表示警告，Bad 表示失败。状态码只能由 OPC UA 定义，不能被厂商或其他组织扩展。第二种类型的错误信息是诊断信息（DiagnosticInformation）。DiagnosticInformation 是一个结构，包含了状态码的附加信息，如供应商特定的错误码、错误的本地化描述，以及一个拥有提供附加描述信息的文本字段。诊断信息可以嵌套，以便提供一个错误栈。服务中的每个状态码字段都有一个可用的诊断信息字段，但这些附加信息只有当客户端请求时才会返回。

错误信息有两个层次。第一个层次是服务调用的结果，第二个层次是服务调用内部的操作列表。客户端必须校验这两个层次的结果，因为一个服务调用可能部分成功。在第一步中客户端必须校验服务调用是否成功，如果失败的话，结果字段是无效的；如果服务成功的话，在使用结果之前，客户端必须对每个操作的状态码进行验证。

（4）监视项和订阅模型。订阅用于对信息源进行分组，监视项（MonitoredItem）用于管理一个信息源。每个 MonitoredItem 标识一个被监视的项，订阅则用于发送通知消息。任何节点属性都可以作为被监视项。通知消息是描述数据变化或事件发生情况的数据结构，它们打包到通知消息（NotificationMessage）后传输到客户端。订阅根据用户指定的发布时间间隔，定期发送通知消息，消息发送周期称为发布周期。为监视项定义 4 个主要的参数来通知服务器项应怎样抽样、计算和报告。这些参数是采样间隔、监视模式、过滤器和队列参数（见图 5-12）。

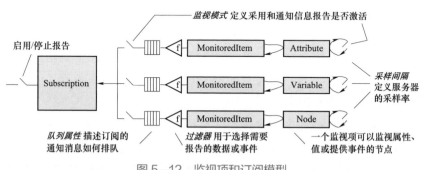

图 5-12　监视项和订阅模型

采样间隔定义了服务器检查变量值改变的速率，或定义聚合计算的时间。监视模式定义了监视项是否处于激活状态。队列大小定义了有多少通知可以被排队传输。对于数据变化，这个值默认是 1，而对于事件是无限的，其大小取决于服务器可用的资源。对数据变化、事件及聚合计算，有不同的过滤器设置。

订阅有两个设置。发布间隔定义了服务器将队列中的通知发送给客户端，并清除队列的时间间隔。"发布启用"设置的取值决定了数据是否要发送给客户端。

2. 服务集

OPC UA 将服务组织成服务集。每个服务集定义一组相关的服务。服务集仅限于逻辑划分，与实际的服务实现无关：

（1）发现（Discovery）服务集，定义允许一个客户端发现服务实现所用的端点（Endpoint），并读取每个 Endpoint 的安全配置。

（2）安全通道（SecureChannel）服务集，定义一组服务，允许客户端与服务器建立一个能保证消息完整性和保密性的信息传输通道。

（3）会话（Session）服务集，定义一组服务，允许客户端管理会话、认证用户。

（4）节点管理（NodeManagement）服务集，定义一组允许客户端在服务器地址空间中添加、修改和删除节点的服务。

（5）视图（View）服务集，定义一组服务允许客户端浏览地址空间或称为视图的地址空间子集。查询（Query）服务集允许客户端从地址空间或视图获取数据（见图 5-13）。

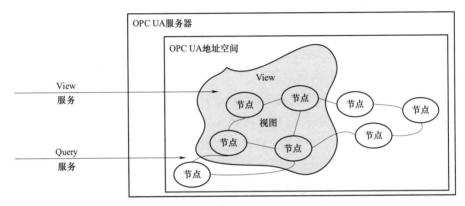

图 5-13　View 服务集

（6）属性（Attribute）服务集，定义客户端读写节点属性的服务，包括属性的历史值。由于变量的值建模为属性，客户端可使用这些服务读写变量的取值。

（7）方法（Method）服务集，定义客户端调用方法的服务。

（8）监视项（MonitoredItem）服务集和订阅（Subscription）服务集，这两个服务集协同使用用于订阅 OPC UA 地址空间中的节点（见图 5-14）。MonitoredItem 服务集定义客户端创建、修改、删除用于表征值变化的属性及事件的对象的监视项。通过订阅，通知消息被排队传输至客户端。Subscription 服

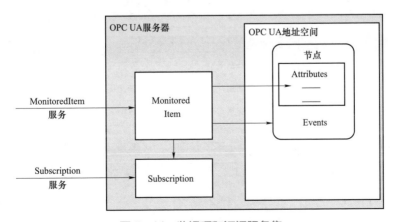

图 5-14　监视项和订阅服务集

务集定义客户端创建、修改、删除订阅的服务。Subscription 发送由监视项产生的通知到客户端。Subscription 服务也为客户端提供从丢失信息和通信失败中恢复的能力。

独立于传输协议和开发环境决定了服务集的定义只能是抽象的。OPC UA 通过分布于服务集中的各个抽象服务，实现包括发现服务器、建立客户端与服务器连接、在地址空间内发现信息、读写数据及元数据、订阅数据变化和事件、调用服务器定义的方法、访问历史数据和事件、在复杂地址空间中发现信息以及修改服务的地址空间结构等功能。

OPC UA 服务可以在不同进程或不同网络节点的应用程序之间批量交换数据，以降低应用程序间的通信开销。例如，读方法不仅可以读取一个变量，也可以读取预先定义好的一组变量，以此减少通信次数。

3. 服务功能

OPC UA 服务可以分为如下三大类：

（1）基础设施类，包括用于建立物理上的安全通道相关的 UA 服务。

（2）会话上下文及基于会话的数据访问类，包括提供逻辑上的应用会话、订阅及订阅项管理的 UA 服务。

（3）数据访问，用于在客户端和服务器之间交换不同类型的信息的 UA 服务。

这些服务共 37 个，其中 5 个服务用于管理通信基础设施（见表 5-6），18 个服务用于管理会话上下文及订阅（见表 5-7），14 个服务用于数据访问（见表 5-8）。

表 5-6　　　　　　　　用于管理通信基础设施的 UA 服务

服务	描述
FindServers()	从 UA 发现服务器中查找指定 UA 服务器
RegisterServer()	注册 UA 服务器到 UA 发现服务器中
GetEndpoints()	获取服务连接端点
OpenSecureChannel()	打开安全通道，创建物理上的通信连接（带安全保护的）
CloseSecureChannel()	关闭安全通道，关闭物理上的通信连接

表 5-7　　　　　　　　用于会话上下文管理的 UA 服务

服务	描述
CreateSession()	创建会话（逻辑会话）
ActivateSession()	激活会话（绑定到物理通信通道）

续表

服务	描述
CloseSession()	关闭会话
Cancel()	取消未完成的 UA 服务请求（UA 服务请求都是异步的）
CreateSubscription()	创建订阅。用于创建一个订阅，设定订阅的初始设置。订阅可以使用删除订阅服务来删除，或者当关闭会话时设置删除订阅标志
ModifySubscription()	修改订阅。用于修改订阅的设置
TransferSubscription()	转移订阅。用于把订阅及其监视项从一个会话转移到另一个会话
DeleteSubscriptions()	删除订阅。由客户端调用以删除自己创建但未转移给其他客户端的或其他客户端转移过来的一个或多个订阅。成功执行的服务调用将删除使用被删除订阅的所有监视项
CreateMonitoringItems()	创建监视项。用于在一个订阅中创建监视项，并定义监视项的初始值。这些监视项可以通过删除监视项服务或者删除订阅服务来删除
ModifyMonitoredItems()	更新监视项。用于修改订阅中的监视项
DeleteMonitoredItems()	删除监视项。用于删除由 CreateMonitoredItems 服务创建的监视项
SetPublishingMode()	设置发布模式。用于修改订阅列表的参数"发布启用"（publishEnabled）设置。可一次性通过请求参数中的 subscriptionIds 设定要修改的多个订阅是否启用发布
SetMonitoringMode()	设置监视模式。用于在订阅中设置监视项的监视模式
SetTriggering()	设置触发器。监视项服务集允许增加一种监视项，只有其他监视项触发通知时它才被触发，这可以通过在触发项和被触发项间创建链接实现。当触发项被设置为仅仅采样，它将会进行采样但通知队列不进行报告。设置触发器服务用于为触发项创建和删除链接。触发项和报告项（被触发）应在同一个订阅中
Publish()	发布服务，确认或激活变化数据或事件发布。发布服务有两个用途。其一，该服务用于确认收到一个或多个订阅的通知消息。其二，用于请求服务器返回一条通知消息或心跳消息。由于发布请求不直接指向一个特定的订阅，其可被任何订阅使用。 客户端发出 Publish 请求的策略可能根据服务器和客户端间网络延时变化。大多情况下，客户端在创建订阅之后立即发出一个 Publish 请求，在收到一条 Publish 响应之后，再立即发出一个 Publish 请求。在高延时网络等其他情况下，客户端将流水发送 Publish 请求以保证接收到服务器的周期性报告。流水发送意味着在接收到一个响应之前会为每个订阅发送多于一条的 Publish 请求
Republish()	重新发布。请求订阅从其重传输队列重新发布通知消息
RegisterNodes()	注册节点
UnregisterNodes()	注销节点注册

表 5-8　　　　　　　　　　用于数据访问的 UA 服务

服务	描述
Browse()、BrowseNext()	浏览服务器地址空间中的节点
TranslateBrowsePathsToNodeIds()	基于对象浏览路径，获得对象的 NodeId

服务	描述
QueryFirst()、QueryNext()	查询节点的引用和属性取值（在服务器地址空间中）
AddNodes()	添加节点（在服务器地址空间中）
DeleteNodes()	删除节点（在服务器地址空间中）。当任何被此服务调用删除的节点是一个引用的目标节点时，根据 deleteTargetReference 参数决定相关引用的处理
AddReferences()	添加节点间的引用（在服务器地址空间中）
DeleteReferences()	删除节点间的引用（在服务器地址空间中）
Read()	读取节点属性，包括变量值。Read 服务用于读一到多个节点的一个或多个属性。如果值是数组类型，允许读取数组的子集或单个元素。读取服务可以定义返回值的生存期，以便降低从设备读数的频率。标准情况下所有节点属性都是可读的。Value 属性的读权限是由变量属性访问级别和用户访问级别确定的
Write()	写节点属性，包括变量值
HistoryRead()	读变量值的历史或事件的历史
HistoryUpdate()	修改历史数据
Call()	调用服务器的一个方法

4. 典型服务调用过程

在 OPC UA 服务器（对于包含发现服务器的系统，OPC UA 服务器包括 UA 服务器和发现服务器）就绪后，客户端可以直接或通过发现服务器获取信息后连接 UA 服务器。由客户端发起，建立安全通道，在安全通道之上读写数据，并基于会话机制订阅数据。

（1）查找 OPC UA 服务器。服务器、发现服务器、客户端的交互关系如图 5-15 所示。

客户端使用 Discovery 服务集去查找 OPC UA 服务器，并获得一个服务器可用 EndPoint 的信息。

每个服务器提供可用的端点，服务器使用 Discovery 服务的 ResigterServer() 方法注册到发现服务器，发现服务器中管理有效服务器的列表。端点确定连接所使用的网络协议和必要的安全设置。在网络上激活的 Discovery 服务可在网络范围内被搜索到。

客户端通过 FindServers()方法获得 OPC UA 服务器的描述，然后利用 GetEndpoints()方法获得端点的信息，之后调用 CreateSecureChannel()建立安全通道。

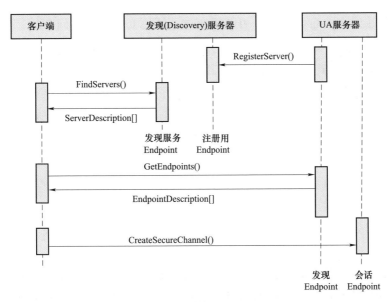

图 5-15　服务发现及使用过程

（2）连接与会话管理。出于安全性、可靠性和可扩展性考虑，OPC UA 要求建立不同层次的通信通道。

由 OPC UA 栈管理的底层网络传输通道和逻辑安全通道分别负责消息交换和消息安全，之上是应用程序级连接——会话。会话由客户端和服务器应用程序处理。大多数安全处理在 OPC UA 栈实现，应用程序级开发中仅需要在会话建立的客户端与服务器握手期处理安全问题。客户端 SDK 通常隐藏所有的安全处理。服务器 SDK 实现所有会话和连接处理，服务器可直接利用安全通道和会话服务集。

OPC UA 应用程序会话与安全通道间的关系如图 5-16 所示。第一步，SecureChannel 服务在两个通信栈之间建立一个允许安全信息交换的安全通道；第二步，OPC UA 应用程序使用 Session 服务建立一个 OPC UA 应用程序会话。

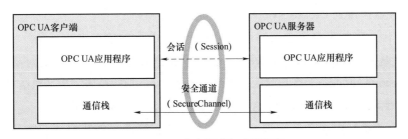

图 5-16　安全通道与会话服务

客户端建立一个会话后，可能想通过不同的安全通道访问会话。客户端可在激活会话（ActivateSession）服务中使新安全通道生效。

Session 服务集定义会话上下文中应用程序层连接建立需要使用的服务。共包含四个服务，其中两个服务用于在两个程序之间通过握手方式创建一个会话，一个服务用于关闭会话，另一个服务用于取消在这个服务集里的服务调用。

OPC UA 客户端使用创建会话服务来创建一个会话，服务器返回两个唯一标识该会话的值。第一个值是 sessionId，用于在稽核日志和服务器地址空间中唯一标识该会话。第二个值是认证令牌用于将传入请求与一个会话关联。在创建会话之前，客户端应创建一个安全通道来保证会话期间交换的所有信息的完整性。使用 CreateSession 服务创建的会话直到 ActivateSession 被成功调用后才会生效。

如果服务器没有再收到服务调用，当商定的周期超时的时候会话将终止。这样可确保服务器在客户端出错或网络连接不可恢复的情况下释放资源。如果客户端不再需要服务器数据，应调用关闭会话（CloseSession）服务将会话关闭。

客户端使用 ActivateSession 服务向服务器提交它的证书以通过验证并指明与会话关联的用户的标识。客户端在创建会话之后、发出其他请求之前调用这个服务，如果调用失败会导致服务器关闭会话。客户端调用此服务时，需要表明自己是调用先前创建会话的同一个应用程序。客户端可以通过调用此服务改变与会话关联的用户，或分配一个新的安全通道给该会话。CreateSession 服务和 ActivateSession 服务的握手机制对于客户端是必要的，在通过 ActivateSession 服务发送用于验证的用户名和密码等敏感数据前，客户端通过 CreateSession 来校验连接到的应用程序就是它所期望连接的。如果所使用的安全通道不再有效的话，可以通过 ActivateSession 将其他的安全通道赋予这个会话。

如果一个客户端不再需要和服务器连接时，必须使用 CloseSession 服务断开与服务器的连接以便释放服务器中的会话资源。

服务器在接到 CloseSession 请求后进行如下处理：

1）停止接收来自该会话的请求。所有后续收到的请求将被丢弃。

2）返回 Bad_SessionClosed 状态码给当前未完成的请求以便为及时响应 CloseSession 做好准备。客户端应在提交 CloseSession 前等待未完成请求结束。

3）删除 SessionDiagnosticArray 变量中为该客户端建立的项。

（3）节点与引用动态管理。节点与引用动态管理允许客户端在服务器的地址空间中增删节点和引用，由单一客户端发起的对服务器地址空间的修改将留存在地址空间中，即便发起操作的客户端断开与服务器的连接。

客户端可以使用添加节点（AddNodes）服务用于向地址空间层次结构中添加一个或多个节点。使用这个服务，每个被添加的节点均可作为层次化引用的目标节点（TargetNode），以此保证地址空间整体连接性。使用添加引用（AddReferences）服务可以为一个或多个节点添加一到多个引用。

如果需要删除节点，可使用删除节点（DeleteNodes）服务用于从地址空间中删除一个或多个节点。使用删除引用（DeleteReferences）服务删除节点的一个或多个引用。

（4）查找及访问信息。在地址空间中查找不同类型的数据及完成数据访问使用 View、Query、Attribute 等服务集。View 服务集包含的服务有浏览（Browse）、浏览下一个（BrowseNext）、翻译浏览路径到节点标识（TranslateBrowserPathsToNodeIds）、注册节点（RegisterNodes）和注销节点（UnregisterNodes）。Query 服务集包含查询第一个（QueryFirst）和查询下一个（QueryNext）两个服务。Attribute 访问服务集包括读（Read）、历史读（HistoryRead）、写（Write）和历史更新（HistoryUpdate）四个服务。

OPC UA 能够在一个地址空间中整合传统 OPC 所有类型的信息，同时可以通用地访问这个模型。每个传统 OPC 规范都定义了不同方式，通过地址空间去访问可用的但大多数情况都受限的类型和元数据信息。OPC DA、A&E 及 HDA 定义了不同但是相似的浏览方法。OPC UA 通过扩展信息模型功能，以浏览和读取服务覆盖了不同类型数据定位和访问。

客户端通过 Browse 服务对地址空间进行遍历。在收到客户端提交的初始节点和浏览过滤条件后，服务器返回通过引用连接到初始节点的节点列表。Browse 服务接受一个初始节点列表，并为每个初始节点返回一个连接的节点列表。大多数客户端传递一个初始节点的主要目的是构建一个树形层次。OPC UA 地址空间本质上是全网状结构，不限于单纯的层次结构，传递初始节点列表的功能主要是浏览元数据，如变量的属性列表。当 Browse 或 BrowseNext 响应信息过大无法在单一响应中回送时，使用浏览下一个（BrowseNext）服务请求下一组响应数据。"过大"的含义是服务器无法返回一个大的响应或结果数量超过了客户端在初始 Browse 请求中指定的最大返回数。BrowseNext 应在提交 Browse 或接续提交 BrowseNext 请求的同一个会话上提交。

翻译浏览路径到 NodeId（TranslateBrowsePathsToNodeIds）服务用于请求服务器将一个或多个浏览路径翻译成节点标识。每个浏览路径由起始节点和一个相对路径构成，起始节点确定相对路径所基于的节点。相对路径包含一系列引用类型和浏览名。

注册节点（RegisterNodes）服务允许客户端优化对节点的周期性访问，例如写变量值等。优化的方法包括用句柄替代可能长度较长的节点 ID，从而减少交互过程的数据传输量。通过将项添加到订单，传统 OPC 提供了为项创建句柄的优化访问方式。RegisterNodes 服务提供类似的概念，它返回一个数字化的节点 ID，使用这个 ID 可以使用服务器中所有相关功能。并且，通过在服务器中注册节点，可以通知服务器将要频繁地使用该节点，服务器能够为此准备相关信息以实现优化的节点访问。服务器返回的句柄仅在注册节点的会话生命周期内有效。如果节点不再使用，客户端须调用注销（UnregisterNodes）服务。这个方法不用于优化周期性的读数据，因为 OPC UA 提供了一些更好的优化机制去订阅数据的改变。

视图是地址空间的一个子集。对于一个已存在的视图，一个查询用于返回该视图的数据子集。当应用程序针对视图发起一个查询，仅由该视图定义的数据被返回。

查询服务支持存取当前和历史数据。该服务支持客户端查询地址空间的一个先前版本。客户端可在查询中指定一个视图版本号或一个时标来访问地址空间的先前版本。Query 用于访问存在于某个时刻的地址空间，历史数据访问用于查询属性值的历史。可通过 Query 查询一个过去的地址空间的一部分，然后用历史数据访问获得属性值的历史数据，即便该节点已经不存在于当前地址空间中。Query 服务集的两个服务是 QueryFirst 和 QueryNext。

属性访问的重点是读取，也就是使用 Read 和 HistoryRead 服务。读取（Read）服务用于读一到多个节点的一个或多个属性。如果值是数组类型，允许读取数组的子集或单个元素。Read 服务可以定义返回值的生存期，以便降低从设备读数的需要。像大多数服务一样，读取服务对批量读取操作做了优化。标准情况下所有节点属性都是可读的。对于 Value 属性的读权限是由变量属性访问级别和用户访问级别确定的。历史数据读取（HistoryRead）服务用于读取一个或多个节点的历史数据或事件。如果一个 HistoryRead 响应不能返回所有数据，可以使用 Continuation Point（继续点）继续读取获得的历史数据有序序列。一次返回的数量可被客户端或服务器限定。历史数据读取细节（historyReadDetails）参数可传入多种可扩展参数以控制历史数据读的内容。可通过 HistoryRead 读取事件、原始数据、修改过数据、计算数据、指定时间点数据。读取历史事件时，可扩展类型 HistoryEvent 用于返回事件。HistoryEvent 结构包含多个事件描述结构，每个事件描述结构由多个事件域（EventField）构成。

客户端可通过 Write 服务写入节点的属性值，一次可以写一个或属性。对于组合型数据，如数组类型，可以一次写其中指定索引的一个、一次性写入全部数据，也可以一次写入指定范围的数据。可使用历史数据更新（HistoryUpdate）服务插入、替换、更新或删除历史值。

（5）方法调用。OPC UA 服务器允许服务器在地址空间提供可以被客户端调用的方法。方法在 OPC UA 模型中被定义为对象的一部分，在对象的上下文中被调用。与面向对象的方法概念一致，调用方法遵照方法声明的输入参数和输出参数。方法调用（Method）服务集定义方法的调用方式。

调用（Call）服务用于实际调用客户端内置的方法或从服务器地址空间得到的方法。Call 服务允许调用一个方法列表，以减少客户端与服务器间的通信量。每个方法都需要在一个存在的会话上下文中调用。

六、CIM 模式及数据的 OPC UA 地址空间组织

IEC TC 57 采纳 OPC UA 作为新一代的组件接口规范，目的是通过 OPC UA 实现公共信息模型和基于公共信息模型的电网模型、实时、历史数据的访问。

以 OPC UA 方式提供信息模型及各类数据的数据提供者，实际上是一个 OPC UA 服务器（服务端）。实现这样的 OPC UA 服务器，需要两大步骤：① 在地址空间完成信息建模和数据管理；② 提供 OPC UA 服务实现数据访问。CIM 模式及数据在 OPC UA 地址空间中的组织是数据通过 OPC UA 服务发布的关键，包括地址空间整体层次、公共信息模型到 OPC UA 元素映射以及 CIM 对象实例的地址空间组织等。

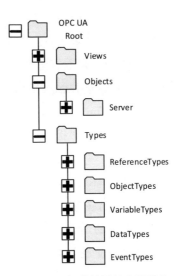

1. 地址空间整体层次

为了提升客户机和服务器的互操作性，OPC UA 地址空间组织为一个层次结构，并且对于所有服务器而言，其最高级别都是标准化的。发布 CIM 及电网各数据对象的 OPC UA 服务器也遵循此规定。图 5−17 的所有对象通过使用 Organizes 引用来组织，并且对象类型为

图 5−17 标准的地址空间结构

FolderType（文件夹类型）。

Root（OPC UA Root）是地址空间的浏览入口点，包含了一组指向其他标准对象的 Organizes 引用。

信息模型（CIM 模式）部分组织在 Types 下的 ObjectTypes、ReferenceTypes、VariableTypes 等目录下。为集中显示服务器中的 CIM 模式信息，可在 Types 目录下增加"CIMSchemaTypes"目录，按照 CIM 的包、类等形式管理模式元素。在 CIMSchemaTypes 节点之下，每个 CIM 包都会根据映射规则映射为相应的 UA 目录节点，且上下层次间统一用 Organizes 引用组织起来，包再通过 Organizes 组织其包含的类。

信息模型定义的类型对象实例，组织在 Objects 目录下（与"Server"对象并列）。

Objects 节点通过 Organizes 关联将 Server（任一 OPC UA 服务器必须具有的描述服务器能力等信息的节点）和电网资源、设备等对象组织起来。

2. 公共信息模型的地址空间管理

OPC UA 规定了完整的基础信息模型。为有效支持业务领域信息模型，OPC UA 服务器可支持其基础信息模型之外的多种信息模型。为了获得与 OPC UA 客户端交互的便利，OPC UA 的服务器应当尽可能地使用 UA 基础信息模型，对特殊信息的建模则通过模型扩展的方式提供。

CIM 作为一个电力系统内成熟的通用信息模型，具有自身明确的建模规则。为在 OPC UA 服务器中支持 CIM 信息模型以及符合信息模型的对象实例数据、变量数据，必须将 CIM 与 OPC UA 基础模型相结合，以 OPC UA 信息模型的表达体系将 CIM 融合，这也可视为将 CIM 映射到 OPC UA 信息模型。对象则是在确定 CIM 的映射后，在地址空间中与建模好的 CIM 模式建立"具有类型定义（HasTypeDefinition）"等关联，对象实例拥有的性质（对象属性）和数据变量（量测值）分别通过"拥有性质（HasProperty）""拥有部件（HasComponent）"等关联组织起来，并遵守数据组织层级的约定，如图 5-18 所示。

CIM 与 OPC UA 两种信息模型的描述方式存在不同：CIM 采用的是面向对象 UML 的描述方式，主要包含包、类、属性、关联、对象等概念；OPC UA 信息模型采用的是地址空间模型描述方式，主要包含节点类别、属性、特性、引用、对象、变量等概念。两者的相同之处是均遵循面向对象思想，因此映射较为便利且不会损失语义。映射应按照图 5-18 所示进行。

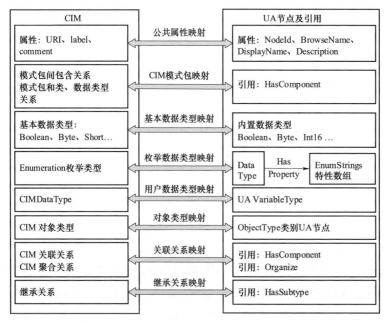

图5-18　CIM映射到OPC UA节点及引用

每个CIM模式元素对应到一个UA节点，对应的节点类别由CIM模式元素本身的类型确定。

CIM模式包映射为UA类型FolderType的实例，一个节点类别为Object的UA节点。

CIM模式包实例本身特有的属性和关联关系与对应UA节点间的映射规则如下：

（1）CIM模式包之间的包含关系，映射为对应UA节点间的Organizes引用关联关系。

（2）CIM模式包和CIM模式类之间的包含关系，映射为对应UA节点间的Organizes引用关联关系。

（3）CIM模式包和CIM模式数据类型之间的包含关系，映射为对应UA节点间的Organizes引用关联关系。

CIM中UML构造型为<<Primitive>>的数据类型定义了用于组成其他数据类型的最基本数据类型。这些基本数据类型根据其分类、精度映射到对应的UA内置数据类型。UML构造型为<<Datatype>>的数据类型是一类特殊的数据类型，结合特定的CIM语义提供三重属性{值，单位，乘数}，即包含一个value属性、一个可选的度量单位和一个单位乘数。其中，单位和乘数指定为初始化为对应枚举类型的某个枚举值的静态变量。<<Datatype>>数据类型映射到一个 VariableType 类型的 UA 节点。

实体和抽象的 CIM 类型映射为一个节点类别为 ObjectType 的 UA 节点。类成员按照如下规则映射：

（1）取值为 Primitive、Enumeration 数据类型的属性性质成员映射为 UA 特性，与映射后的 UA 对象类型间存在 HasProperty 引用关系。

（2）取值为 Datatype 或其他 Compound 类的属性性质成员，映射为与之存在 HasComponent 引用关系的成员变量。

（3）关联性质成员，映射为到与其他 CIM 对象类型所映射的 UA 节点间的引用，引用的类型由关联性质成员所属的关联关系映射所确定。

两个 CIM 对象类型间的关联关系，包含两个被这两个类作为关联性质（CIM Role Property）引用的关联端点（UML AssociationEnd），在映射到 UA 地址空间模型时，每个关联性质被映射到 UA 地址空间模型中的一个 UA 引用类型。与在 CIM 中这两个关联性质互为对方的 InverseRole 一样，在 UA 地址空间中，映射而来的两个 UA 引用类型的名字互为对方的 InverseName。此外，CIM 中对一个关联性质的取值必须是其值域类型或值域类型的子孙类型的约束，也被自然地添加到所映射到的 UA 引用类型的目标节点的取值上。

与 CIM 描述基于的 UML 关联建模不同的一点是，UA 引用类型支持"继承"概念，这对于在一些 UA 服务，例如 Browse 服务中，在指定对引用类型进行过滤时特别有用。在 UA 标准信息模型中，所有的 UA 引用类型总是 UA 标准引用类型 References 的两个子类型继承而来：① HierarchicalReferences，所有层次引用类型的基类；② NonHierarchicalReferences，非层次化引用类型的基类。CIM 中的关联关系，根据其语义，选定这两个类型或其更恰当的标准子类型，例如聚合关系到 Aggregates 引用类型子类型的映射。

CIM 对象类型间的继承关系与 UA 地址空间模型中的继承关系含义一致。CIM 对象类型间的继承关系映射到标准的 UA 引用类型 HasSubtype。

3. CIM 对象实例的地址空间组织

每个 CIM 对象实例节点都建立为地址空间中的一个 UA Object 节点类别（即 NodeClass 取值为 Object）的节点，该节点的 HasTypeDefinition 引用，总是指向其相应对象类型所映射到的 UA ObjectType 节点类别的对象类型节点。例如 220kV 中电站的 HasTypeDefinition 引用指向 Substation 类型节点。

同时，对象节点间的引用关系也是根据其类型拥有的关联性质根据映射规则确定的 UA 引用类型节点进行描述。

对象实例置于 Objects 目录下。可不增加子目录，直接与 Server 对象平级；也可将所有符合 CIM 的对象组织在 CIMObjets 目录中，或者根据对象的特点将一组对象置于一个目录下，如设备对象可以组织在 EquipmentObjects 目录中。组织子目录使用应用 Organizes。

第三节　Web 服 务 集 成

基于 CIM 的电网模型、实时、历史、事件等数据的规范化服务发布除 IEC 61970 CIS 第一代（GDA、HSDA、TSDA、GES）和第二代（IEC 62541 OPC 统一架构）外，还包括基于报文的松耦合组件接口规范 IEC 61968 – 100。IEC 61968 标准聚焦于配电管理系统接口，体系上与 IEC 61970 对应，但接口侧重于基于消息实现利用 Web 服务的应用集成。

Web 服务集成的核心是客户端与服务端的请求/响应式交互。交互过程中传递 IEC 61968 标准规定了组织形式的消息。考虑到传输效率，消息载荷也可采用 JS 对象简注（JavaScript Object Notation，JSON）等描述形式。

一、集成框架

IEC 61968 – 100 给出了利用企业信息集成常用技术手段实现消息报文递送的实现指南，其中包括如何采用企业服务总线、使用 Java 消息传递服务（Java Message Service，JMS）等基础设施等，详细定义了请求和响应所需使用的动词，如图 5 – 19 所示。IEC 61968 – 100 与 IEC 61968 – 4 等定义消息内容的标准（定义了消息的名词及名词所代表的消息载荷）一起，形成实际可用的松耦合配电管理系统接口。Web 服务集成最直观、简捷的方式是直接基于 Web 服务，也可以利用附加的消息处理基础设施，如 JMS 及企业服务总线（Enterprise Service Bus，ESB）。在具体实施中，也适当结合其他技术，包括可扩展消息和状态协议（Extensible Messaging and Presence Protocol，XMPP）或表述性状态传递（Representational State Transfer，REST）等。

（1）从客户端和服务器的角度来看，典型的 Web 服务集成类型包括：

1）使用 Web 服务的同步请求/响应。

2）使用 Web 服务请求的单向请求方式（源到目标无需回复）。

3）使用带有回调（目标到源）的同步 Web 服务请求/响应。

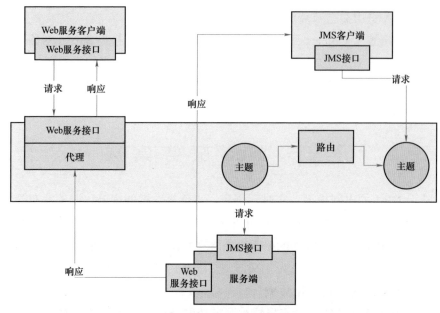

图 5-19 Web 服务集成的典型形式

4）使用 JMS 主题或队列的同步及异步请求/响应。

5）使用 JMS 主题或队列的发布/订阅（多个目标在一个 JMS 主题上侦听）。

6）使用 JMS 的点到点通信方式（通信目标侦听 JMS 消息队列）。

7）由企业服务总线（ESB）路由的发布/订阅型式等。

（2）实际场景中基于 JMS、Web 服务等技术实现客户端/服务端交互模型更复杂的交互：

1）智能路由器组件进行基于内容的路由。

2）智能代理实现 Web 服务接口和路由到适当的目的地。

3）发送到适当目的地/端点的应答和事件。

不管采用何种服务集成类型，最基础的通信过程都是客户端通过向实现 Web 服务的服务提供方发送服务请求并接受响应。服务提供方作为 Web 服务端接收服务请求，在处理完该服务请求后向客户端发送响应信息。在此过程中，客户端在有限时间内等待服务端的反馈。交互的双方在同/异步模式下完成服务的调用。

（3）图 5-20 以客户端调用数据服务接口获取数据为例说明基本的 Web 服务集成的简单通信处理过程：

1）客户端按照 IEC 61968 标准定义的 IEM 等模型的约束组织传递给服务端

的参数数据。

2）客户端向服务端发送数据获取请求。

3）服务端根据 IEM 的约束解析参数数据、进行处理，并组织响应数据。

4）服务端将响应数据返回给客户端。

5）客户端处理响应数据。

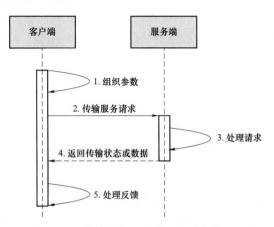

图 5-20　客户端与服务端通信过程序列图

在 CIM 数据共享的实施过程中，Web 服务集成方式相比采用组件接口规范及 OPC 统一架构复杂度较低，消息数据易于文本化处理、便于问题排查，在不苛求通信效率的电力信息化应用领域被广泛使用。

二、消息组织

遵从 IEC 61968 标准的每个服务接口都能够接受由"动词＋名词"构成的消息。服务接口使用 Web 服务定义语言（Web Services Description Language，WSDL）描述或 JMS 消息定义。使用 XML 模式（XSD）定义消息结构以及消息有效载荷的结构。

1. 消息结构

IEC 61968 标准定义的消息结构如图 3-28 所示，包括消息头（Header）、请求（Request）、响应（Reply）、有效载荷（Payload）等。

消息结构中的 Header 部分是所有消息都需要的，Header 中的动词（verb）和名称（noun）字段必须填写。除 verb 和 noun 外，还有很多可选的字段，包括修订（Revision）、延迟检测（ReplayDetection）、运行态/语境（Context）、时间戳（Timestamp）、消息源（Source，系统或组织的名称）、异步响应标志

（AsyncReplyFlag）、响应地址（ReplyAddress）、需确认标志（AckRequired）、消息 ID（MessageID）、相关性 ID（CorrelationID）、注释（Comment）、附加属性（Property）、自定义扩展内容（Any）等。

请求（Request）部分是可选的，用于给出"get"查询请求所需的参数，或在"delete""cancel"或"close"等请求中给出相关 CIM 数据对象的标识。允许使用 Payload.any 元素包含复杂的结构，即请求通过名词定义的复杂数据内容。在这种情况下，消息内容使用约定的"Get<Noun>"配置。Request 不用于事件消息。

响应（Reply）部分仅用于响应消息，用于表明成功、失败或出错的详细信息。

有效载荷（Payload）部分用于传递消息头中用"动词"和"名词"组合的消息的具体数据。动词为"create""change"和"execute"时是必需的。

2. *动词*

使用 IEC 61968－100 的 CIM 数据服务首先要理解 IEC 61968－100 中描述的服务命名约定中动词和名词的使用。理解动词和名词在命名约定中的用法，有助于理解基本的利用消息的应用集成模式。CIM 动词及其在消息命名中的用法见表 5－9。

表 5－9　　　　　　　　CIM 动词及其在消息命名中的用法

Request 动词	Response 动词	Event 动词	用途
Get	Reply	（None）	查询
Create	Reply	Created	事务
Change	Reply	Changed	事务
Cancel	Reply	Canceled	事务
Close	Reply	Closed	事务
Delete	Reply	Deleted	事务
Execute	Reply	Executed	事务

主要动词及其何时使用列举如下：

（1）Get——用于查询。

（2）Create——在创建与名词匹配的对象时使用。

（3）Delete——用于销毁对象，尽管可能仅将业务系统中的对象标记为删除（保留活动记录）。

（4）Close 和 Cancel——与业务流程有关，例如关闭工作单或取消请求。

（5）Change——用于修改以前使用的对象，例如，作为创建或创建动作的一部分。

（6）Execute——用于复杂的事务中，并与操作数据集一起使用，即一种可以容纳动作并包含多个动词的结构。

3. 名词

在 IEC 61968−100 中，名词的使用用于传达或标识有效载荷结构。

通常使用符合 XML 模式（XSD）的 XML 文档来传送消息有效负载，可针对 XSD 对其进行验证。IEC 61968 的子标准定义了用于消息有效载荷的结构。例如，IEC 61968−9 中的标准子集是 EndDeviceEvent 子集，此子集用于将有关在分发网络中发生的事件的信息传递给其他可能感兴趣的系统。

4. 有效载荷

每个名词都标识一个有效载荷的结构。有效载荷的结构通过 XML 模式定义，最终体现为符合相应模式约束的 XML 文档。有效载荷的结构基于 CIM 的 UML 模型定义。

消息内是否包含有效载荷根据实际情况确定。通过请求消息进行 Create、Change、Execute 等操作时，消息中必须提供有效载荷。在 Get 请求的响应消息以及事件消息中，也须提供有效载荷。

三、RESTful 与 SOAP Web 服务

CIM 数据服务可以通过多种方式实现。系统和应用集成时，在机器之间交换 CIM 数据的最常见的实现方法之一是 Web 服务。存在两种主要类型的 Web 服务，即 SOAP 和 REST。

SOAP 是一种使用 XML 进行机器对机器消息交换的消息传递协议。SOAP Web 服务是基于契约的，利用 WSDL 文件和 XSD 文件定义可以交换的消息。

由于其安全性和语言独立性，SOAP 可用于发布−订阅和请求−响应消息传递模式。

由于 SOAP 协议需要使用 WSDL 和 XSD，因此它的使用和创建都可能更加复杂。许多工具以多种编程语言存在以协助开发这些服务，例 Apache CXF 框架等。

为了使用 CIM 交换消息，IEC 61968−100 主要侧重于使用 SOAP 作为两个系统之间的交换消息。IEC 61968−100 标准定义了包含名词（例如 MeterReading）和动词的消息头元素，以解决 SOAP 无法使用超文本传输协议（HTTP）法的问

题。这是因为即使 SOAP 使用 HTTP 作为其传输方式之一，SOAP 也不仅限于 HTTP。

REST 是一种架构风格，用于设计通过 HTTP 通信的应用程序。遵循这种风格的 Web 服务称为 RESTful Web 服务。REST 风格的特点是将每个对象视为具有统一资源标识符（URI）的 Web 资源，并将 Web 服务操作限制为 HTTP 方法——最常见的是 Get、Put、Post 和 Delete。在看似有限的框架内工作可以产生统一、可扩展的接口，并能够处理网络流量固有的不可靠性。RESTful Web 服务可以交换各种不同格式的有效负载，例如 XML、JSON、纯文本和超文本标记语言（HTML）。大多数 REST API 将 JSON 用于传入请求和传出回复。因此，RESTful Web 服务通常比 SOAP Web 服务更快，因为与 XML 相比，JSON 具有轻量级的特性。

REST 不需要诸如 SOAP 的 WSDL 之类的约定来定义 Web 服务支持的操作，也不需要 XSD 或等效的模式描述来定义所交换的信息。但是，发送的信息通常符合 XSD 或 JSON 模式。

REST 充分利用了所有 HTTP 动词：Get 检索数据，Post 创建对象，Put 或 Patch 修改对象，Delete 删除对象。

与 SOAP Web 服务相比，REST Web 服务很轻，通常开销更低。SOAP 因为根据契约进行类型检查、强制执行 Web 服务安全性以及在 XML 中生成的响应和标头的标记而失去一些速度。

四、JSON 与 XML

1. XML

XML 是一种机器可读和人类可读的标记语言，它以自我描述的方式描述数据。XML 可用于数据的存储和传输，使用的标签如 HTML 中使用的标签。与 HTML 不同，XML 旨在传输而不是显示数据。此外，与 HTML 不同，XML 不包含预定义的标签，定义哪些标签取决于使用者。

XML 独立于硬件和软件，用于 SOAP Web 服务。CIM 数据的一般使用都以 XML 方式组织示例，是因为 IEC 61968-100 的主要重点是基于 HTTP 或 JMS 的 SOAP。

XML 的优点包括以下几点：① 可直接使用属性。XML 使用属性来显示有关对象的元数据。如果不创建新的键值对对象，JSON 就无法做到这一点，然后接收程序会将其作为另一个单独的对象读取。② 使用命名空间扩展数据表示范围。命名空间允许重用定义——例如，来自其他文档的数据类型。命名空间可以帮助防止发生名称冲突，尤其是当多个架构文件一起使用来定义有效载荷时。③ 基于模式进行数据校验。可以建立 XSD 约束 XML 文档的内容。模式定义了必须或可以出现在文档中的元素和属性。通过这种方式，XSD 代表一个契约，文档使用者可以使用它来验证文档并编写代码和处理逻辑。

2. JavaScript 对象表示法（JSON）

JSON 是一种轻量级的、基于文本的数据交换格式。它起源于 JavaScript 编程语言。但是，JSON 数据可以用任何编程语言编写。JSON 数据以名值对的形式出现，大括号包含对象，逗号分隔对象内数据的不同方面，方括号包含数组。与 XML 一样，JSON 是一种独立于编程语言的数据格式，与 XML 相比，它的开销较低，因此成为 REST Web 服务中数据描述的首选。

JSON 的优点包括：① 紧凑。JSON 没有像 XML 那样的结束标记，使其更加紧凑。② 可读性高。由于整体混乱程度较低，因此没有结束标记使 JSON 更具可读性。JSON 也没有标签内的嵌套属性。③ 处理速度快。与 XML 相比，JSON 的处理速度更快，因为它的文件大小更小。与用于处理 XML 的软件库相比，用于处理 JSON 的软件库使用的内存更少。

与 XML 的 XSD 类似，JSON 也有一个词汇表，允许对 JSON 文档进行注释和验证。JSON Schema 与 XSD 一样，定义了必须出现在消息中的元素（类型、基数、枚举值等）。

3. 将 CIM 消息从 XML 映射到 JSON

CIM 数据的表示并不受特定数据格式的限制，但如果要使用 JSON 完成 Web 服务集成中消息的表示，需要将 CIM 消息从 XML 格式转换为 JSON。以下介绍如何针对几种不同的场景进行处理。

除了保持原始消息的完整性外，并不需要完全转换，因为 XML 的某些部分（例如名称空间）在 JSON 中没有任何用途。

示例的消息头 XML 表示为：

```
<Header>
    <Verb>get</Verb>
    <Noun>MeterReadings</Noun>
    <Timestamp>2021-05-04T15:10:00Z</Timestamp>
</Header>
```

相应的 JSON 表示为：

```
"Header":{
    "Verb":"get",
    "Noun":"MeterReadings",
    "Timestamp":"2020-05-04T15:19:00Z"
    }
}
```

JSON 中的数组与大多数编程语言中的数组一样用中括号表示法。

SOAP XML 中两个仪表的示例为：

```
<Payload>
  <MeterReadingsxmlns="http://iec.ch/TC57/2011/MeterReadings#">
    <MeterReading>
      <Meter>
        <Names>
        <name>metername1</name>
        <name>metername2</name>
        </Names>
      </Meter>
      <Readings>
        <timeStamp>2020-10-04T14:00:00Z</timeStamp>
        <value>2.71828</value>
        <ReadingType ref="0.0.0.1.1.1.12.0.0.0.0.0.0.0.3.72.0"/>
      </Readings>
    </MeterReading>
  </MeterReadings>
</Payload>
```

与此消息等效的 JSON 稍微以不同的方式处理属性和引用：

```
{
  "Payload":{
    "MeterReadings":{
      "@xmlns":"http://iec.ch/TC57/2011/MeterReadings#",
      "MeterReading":[
        {
          "Meter":{
            "Names":{
```

```
      "name":[
        "metername1",
        "metername2"
       ]
     }
    },
    "Readings":{
     "timeStamp":"2020-10-04T14:00:00Z",
     "value":2.71828,
     "ReadingType":{
       "@ref":"0.0.0.1.1.1.12.0.0.0.0.0.0.0.0.3.72.0"
     }
    }
   }
  ]
 }
 }
}
```

第六章

CIM 互操作及应用案例分析

为了促进 IEC 61970 的通用性和适用性，从 2000 年开始，美国电力科学研究院（简称美国电科院，EPRI）和 IEC TC57 WG13 紧密配合，与 Alstom、GE、Siemens、ABB 等国际电力设备制造商和北美各 ISO、RTO 开展基于 IEC 61970 的互操作测试。国外互操作测试的主要内容包括基于 CIM/XML 模型文件的导入/导出，基于实际电力系统模型的潮流计算，对增量模型更新和部分模型合并的测试，对 GID、GDA、HSDA、TSDA 接口的测试等。国内从 2001 年 7 月开始进行基于 CIM 的互操作测试，内容包括模型导入/导出的可行性，实际系统模型互操作和潮流计算，增量/部分模型的更新合并，针对 GDA、HSDA 接口的测试以及对 SVG 的互操作测试。

互操作测试为 CIM 在电力系统领域的应用打下了基础，各国在基于 CIM 的模型管理和系统集成方面取得了一定的成果。本章主要介绍北美和欧洲的几个成功案例，包括美国电科院主导的网络模型管理器、应用 CIM 实现分享和查询能耗数据的通用方法、南加州爱迪生公司的能源服务接口项目、消费者能源公司的企业集成和通用企业语义模型实现方法、美国公共服务企业长岛集团的企业信息管理和语义集成方案、爱达荷州电力公司的集成设计和管理项目、森普拉能源公司的 OpEx 20/20 和智能计量项目、配电公共信息模型以及美国太平洋西北国家实验室的配电系统应用程序接口。欧洲方面主要介绍 CIM 在 ENTSO-E 的发展和实现、欧洲输电网数据管理以及 CIM 在变电站配置中的应用。

随着中国国民经济的快速发展和人民生活水平的迅速提升，中国电力工业高速发展，大量新建的变电站、发电厂、调度控制中心都需要采用满足国际标准的新技术，因此 IEC 标准在中国的实施应用快于欧美及其他国家。CIM 技术开始时主要应用于系统接口访问，促进了多个自动化系统间的互联和互操作；

然后结合数字化变电站监控系统的开发，开始广泛实施 IEC 61850 标准。随着智能电网调度控制系统的建设，建立了基于"通用安全架构、通用通信协议、通用模型描述、通用服务界面"的智能电网调度控制技术的国际通用标准体系，用于发电、输电、变电、配电、用电等各个领域，带动电力自动化技术产生跨越式进步。本章介绍了我国几个典型的 CIM 应用案例，包括电网公共模型和业务专有模型的建立、调控全业务多时态统一建模、调度结构间的模型数据共享以及 IEC 61970 与 IEC 61850 模型的映射。

第一节 CIM 互操作测试

为了促进各个厂家对 IEC 61970 的理解，测试不同厂家基于 IEC 61970 标准的产品互操作性以及 CIM 作为电力系统公共信息模型的适用性，从 2000 年开始国外由 IEC TC57 WG13、美国电科院和 CIMug，国内由对口的 SAC/TC 82 电网调控工作组分别组织各电力系统研究单位、EMS 厂家开展了多次互操作测试。

互操作测试证明了不同厂家的产品使用 IEC 61970 交换信息的可行性。本节将对国内外各次互操作测试的目的、参与厂家、测试模型、内容、结果以及发现的问题等方面进行介绍。

一、互操作测试概述

通用的互操作测试过程如图 6-1 所示。测试中人员的角色可分为：

（1）参与者：参与测试的厂商，将在互操作测试中对其产品进行测试。

（2）观察者：见证测试的人员。

（3）组织者：主持并组织测试的人员，同时负责撰写互操作测试报告。

测试过程中还可通过验证测试工具对交换的模型进行校验和验证。图 6-1 的测试过程分为 7 个步骤，具体为：

步骤 1：互操作测试过程首先需要组织者确定 CIM 版本、IOP 测试案例、CIM 子集，然后各个参与者提供 CIM XML 测试文件。

步骤 2：提供的所有文件需要根据 CIM 子集进行验证，保证是正确的；此步骤需要验证工具的参与。

步骤 3：参与者导入经过验证的文件。

步骤 4：参与者再次导出所导入的文件。

步骤 5：观察员见证并校验导入和再次导出的过程。

步骤 6：再次导出文件，使用 CIM 验证工具进行验证。

步骤 7：根据互操作测试的类型及交换的数据，可以开展进一步的测试，如潮流计算。

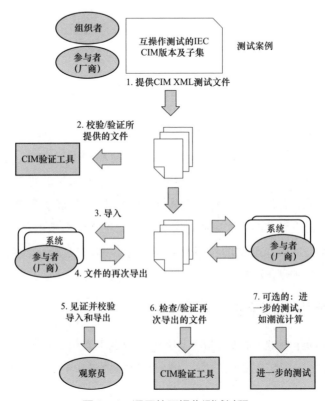

图 6-1　通用的互操作测试过程

尽管北美、欧洲、中国组织的每次互操作测试中关注点会有所不同，但总体而言，所开展的互操作测试按照模型交换的方式可以分为三类：

（1）CIM XML 互操作测试，基于 CIM XML 文件的交换方式进行模型交换，按照交换的内容，又分为自测试、电网模型交换（包括基于 CPSM 的输电网络交换和基于 CDPSM 的配电网络模型交换）测试、增量交换测试、MAS 交换测试、高级应用计算结果的交换测试、电力市场模型的交换测试等几个子类型。目前进行的大多数互操作测试都是采用文件方式的模型交换。图 6-2 所示为基于文件及 GID 的交换方式，图中（1）标识的路径为 CIM XML 模型交换的传送

路径，发送系统生成 CIM XML 文件，此文件传送到接收系统。主要用于测试
CIM XML 模型文件的导入/导出，包括全模型的导入/导出、增量模型的导入/导
出、潮流计算结果的导入/导出等。该测试过程可以进一步扩展应用到 CIM SVG、
CIM/E、CIM/G 文件的导入/导出测试。

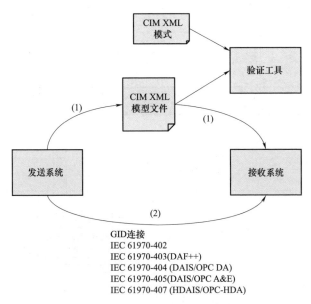

GID连接
IEC 61970-402
IEC 61970-403(DAF++)
IEC 61970-404 (DAIS/OPC DA)
IEC 61970-405(DAIS/OPC A&E)
IEC 61970-407 (HDAIS/OPC-HDA)

图 6-2　文件及 GID 的模型交换方式

　　（2）基于通用接口定义（Generic Interface Definition，GID）的互操作测试。
图 6-2 中的（2）所标识的为采用 GID 的方式进行的互操作，即发送系统提供
GID 定义的接口服务，包括通用数据访问服务（Generic Data Access，GDA）、
通用事件和订阅服务（Generic Event and Subscription，GES）、高速数据访问服
务（High Speed Data Access，HSDA）、时间序列数据访问（Time Series Data
Access，TSDA），接收系统通过访问这些服务获取电网模型。
　　（3）基于 IEC 61968 消息服务总线的互操作测试。图 6-3 所示为基于 IEC
61968 消息服务总线的交换方式。企业服务总线上，某家厂商的产品提供服务接
口，其他厂商的产品以客户端的形式访问服务器获取模型，或是通过 JMS 或
WS 侦听事件，进行模型更新的订阅。目前开展的基于 IEC 61968 消息服务总线
的互操作测试包括 IEC 61968-3 消息的互操作测试以及 IEC 61968-9 消息的互
操作测试。

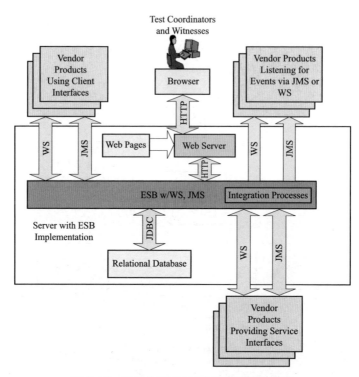

图 6-3　基于 IEC 61968 消息的模型交换

　　表 6-1 列出了现有的 CIM 互操作测试的类型，随着互操作工程实践的推进，互操作测试的类型也将增加。

表 6-1　　　　　　　　　　　CIM 互操作测试类型

测试类型	测试子类型
CIM XML 互操作测试	自测试
	电网模型交换测试
	基于交换模型的高级应用测试
	增量交换测试
	MAS 交换测试
	高级应用计算结果的交换测试
	电力市场模型的交换测试

续表

测试类型	测试子类型
GID 一致性和互操作测试	GDA 互操作测试
	GES 互操作测试
	HSDA 互操作测试
	TSDA 互操作测试
基于 IEC 61968 消息的互操作测试	IEC 61968 - 3 互操作测试
	IEC 61968 - 9 互操作测试

（一）CIM XML 互操作测试

如图 6-4 所示为 CIM XML 互操作测试的示意图，核心的部分为 CIM XML 导入和 CIM XML 导出。下面分别介绍 CIM XML 互操作测试子类型的具体内容。

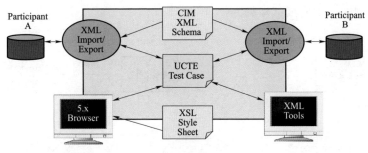

图 6-4　CIM XML 互操作测试

1. 自测试

自测试的主要测试步骤为：

（1）参与者将 CIM XML 测试案例文件使用 XML 工具或浏览器验证为有效的。

（2）参与者通过 CIM XML 导入器将测试案例文件导入其系统；参与者如果有潮流应用，可对导入的模型进行潮流计算。

（3）参与者将导入的模型通过 CIM XML 导出器将其内部的电网模型导出为符合 CIM XML 模式的 CIM XML 格式文件。

（4）验证导出的模型。

（5）导出模型与测试案例文件进行比较。

（6）如果有可能，根据步骤 2 导入的模型生成增量模型。

（7）从步骤 1 开始再次导入模型，如果再次运行潮流计算，则计算结果应与步骤 2 一致。

（8）导入步骤 6 生成的增量模型。

（9）验证增量模型导入到模型中，如有可能运行潮流计算进行验证。

（10）导出步骤 8 的带增量信息的模型。

（11）将步骤 10 导出的模型与步骤 1 的模型进行比较，差异部分应为步骤 8 的增量模型。

2. 电网模型的交换测试

参与者主要进行导出/导入 CIM XML 文件的测试。对于导出方，参与者将私有的模型导出为 CIM XML 格式；对于导入方，则是参与者将 CIM XML 文件导入其内部的专用数据库中。应用内部的工具对导入的模型进行验证。测试分为两个部分：一是参与者可以导入或导出标准的 CIM XML 格式文件；二是参与者导出的 CIM XML 文件可被其他参与者导入。如图 6-5 所示为电网模型交换的互操作测试，主要测试步骤为：

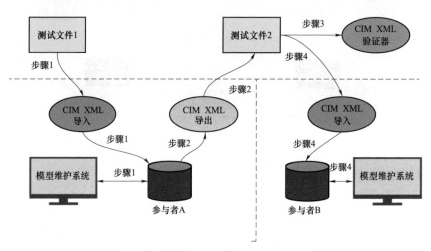

图 6-5　电网模型交换的互操作测试

（1）参与者 A 导入 CIM XML 格式的测试文件（测试文件 1），并使用验证工具验证导入文件的正确性。

（2）如果导入过程正确，则参与者 A 将导入的模型导出为 CIM XML 格式

（测试文件 2），测试文件 2 应与测试文件 1 相同。

（3）对步骤 2 导出的测试文件 2 进行验证，验证参与者 A 的产品对 CIM 的遵从性，而且参与者 A 的导入、导出过程没有引起模型的变化。

（4）参与者 B 将参与者 A 导出的测试文件 2 导入其应用系统，并使用验证工具进行模型验证。

3. 基于交换模型的高级应用测试

此类测试是验证模型被正确交换，并可基于交换的模型进行高级应用计算。如图 6-6 所示的潮流计算互操作测试，通过对比模型交换前后的潮流计算结果进行模型交换正确性和互操作性的验证，主要分为如下几个步骤：

（1）参与者 A 导入 CIM XML 模型，即测试案例 1，并由参与者 A 的验证工具进行验证。

（2）参与者 A 运行潮流计算，并记录计算结果。

（3）参与者导入案例文件 2，测试案例 2 是第（1）步导入/导出的 CIM XML 模型文件。

（4）参与者 B 运行潮流计算，并检查运行的正确性。

（5）与第（2）步的结果进行比较。如果计算结果在合理的容差范围内，则表示测试成功。

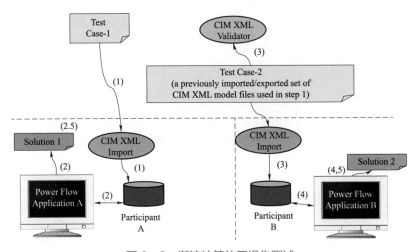

图 6-6　潮流计算的互操作测试

4. 增量交换测试

该测试是验证产品可以接收现有模型文件的增量变化，而无需每次都接收全模型文件。测试步骤为：

（1）参与者生成一个或多个增量文件。

（2）其他参与者在初始模型的基础上导入增量模型文件，更新初始模型，并验证导入的增量模型是否正确。

5. MAS 交换测试

MAS 交换测试是验证边界和区域集可导入到一个初始模型上，并生成一个包含初始模型和新的边界及区域信息的模型。测试步骤为：

（1）参与者 A 导入一个初始模型。

（2）参与者 A 导入边界和区域集模型，并将边界和区域信息链接到初始模型上，使用内部的验证工具验证模型是完整、准确的。

（3）参与者 A 导出新的全模型，并验证其正确性。

（4）参与者 B 导入参与者 A 导出的模型，并验证边界及区域信息包含在模型中。

6. 高级应用计算结果的交换测试

高级应用计算结果的交换测试步骤如图 6-7 所示，此类测试是验证潮流、状态估计等高级应用的那结果也可以进行正确的交换。主要的测试步骤为：

（1）厂商 A 和厂商 B 导入测试案例。

（2）厂商 A 使用测试案例进行潮流计算。

（3）厂商 A 根据潮流计算生成一个 CIM XML 格式的计算结果文件。

（4）厂商 A 将第（3）生成的计算结果文件替换为状态变量文件。

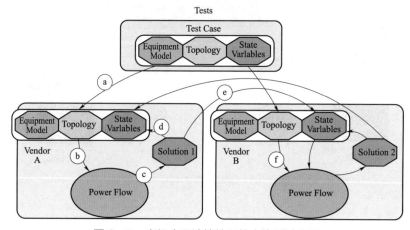

图 6-7　高级应用计算结果的交换测试步骤

（5）厂商 B 将厂商 A 的计算结果文件导入到测试案例中。

（6）厂商 B 使用包含计算结果的测试案例进行潮流计算。

（7）厂商 B 从求解的潮流计算生成一个计算结果文件。

（8）如果使用厂商 A、厂商 B 的计算结果文件匹配，则说明计算结果的交换是成功的。

7. 电力市场模型的交换测试

已开展电力市场模型交换测试的目的是验证❶结算流程中欧洲式市场子集 XML 实例与 ENTSO-XML 实例之间的相互映射，测试所基于的标准包括 IEC 62325-301、IEC 62325-351、IEC 62325-451-1、IEC 62325-451-2、IEC 62325-451-3、IEC 62325-451-5、IEC 62325-451-6。被测试的文档包括：确认文档（IEC 62325-451-1）、能源账户报告文档（IEC 62325-451-4）、ERRP 流程文档（包括激活文档、历史激活文档、排队列表文档、计划资源文档、再分配文档、备用分配文档、备用竞价文档、资源调度异常文档、资源调度确认文档）、RGCE 流程文档（包括量测值文档、RGCE 结算文档）。

电力市场模型交换互操作测试的流程如图 6-8 所示。

（二）基于 GID 的互操作测试

1. GDA 互操作性测试

GDA 测试为测试两个参与者产品之间的互操作性，一个为 GDA 客户端，另一为 GDA 服务器。测试者需要声明其支持的 GDA 服务。测试的主要内容包括：

（1）访问电力系统模型，即使用客户端/服务器的读请求接口访问一个电力系统模型，包括全模型、部分模型、增量模型。

（2）客户端使用写请求改变服务器上的数据。

（3）对服务器上的 CIM 名字空间进行浏览查询。

2. HSDA 一致性和互操作性测试

测试 HSDA 规范的高速数据访问服务，具体为：

（1）一致性测试：主要测试 HSDA 服务器与规范的一致性，包括可以与客户端建立连接，服务器上数据的 TC57Namespace 浏览，使用 CIM 类和名字空间进行单个数据值及成组数据值的数据交换（即读、写操作），获取 TC57Namespace 的定制属性。

---

❶ ENTSO-E 备用资源流程（ENTSO-E reserve resource process，ERRP）和欧洲大陆区域集团（Regional Group Continental Europe，RGCE）。

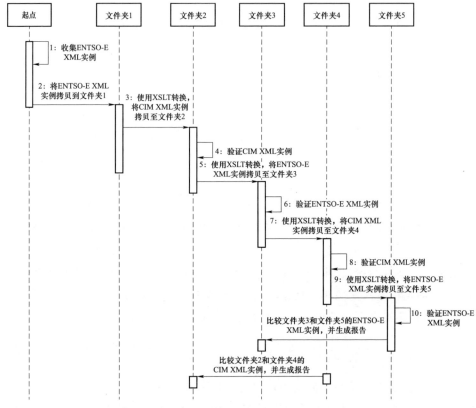

图6-8　电力市场模型交换互操作测试的流程

（2）互操作性测试：测试内容与一致性测试相同，但是参与者1的客户端、参与者2的服务器均进行评价。

HSDA互操作测试架构如图6-9所示。

3. GES一致性和互操作性测试

测试使用GES规范的发布、订阅服务，具体为：

（1）一致性测试：主要测试GES服务器与规范的一致性，即GES服务器正确给出电力系统模型的一个或多个层次化视图，并可提供标准消息模式以供浏览。

（2）互操作性测试：主要测试GES客户端具有与GES服务器互操作的能力，即客户端可以订阅与电力系统模型相关的消息，并可发送与接收标准消息。

GES互操作测试架构如图6-10所示。

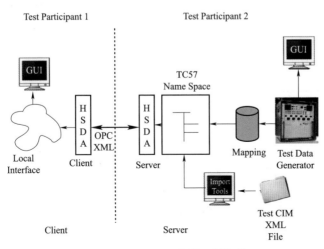

图 6-9　HSDA 互操作测试架构

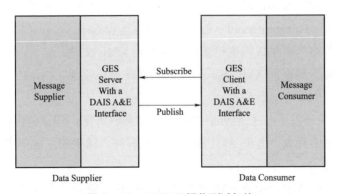

图 6-10　GES 互操作测试架构

4. TSDA 互操作测试

TSDA 测试是测试两个参与者产品之间的互操作性,一个是 TSDSA 客户端,另一个是 TSDA 服务器。因为 OPC HSDA 规范定义了实用内部方法的服务,测试参与者必须声明所支持或所使用的 TSDA 服务/方法/事件。如图 6-11 所示为使用 MoM 技术的 TSDA 互操作架构。

(三)基于 IEC 61968 消息的互操作测试

与 IEC 61968-13 相关的互操作测试以 CIM XML 文件的方式进行,主要是测试 CDPSM 电网模型交换。目前已开展的 IEC 61968 其他部分的测试主要是 IEC 61968-3 互操作测试和 IEC 61968-9 互操作测试。

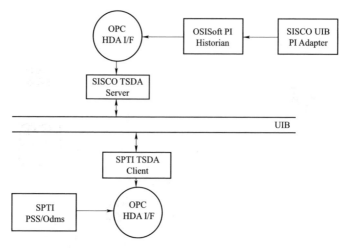

图6-11 使用 MoM 技术的 TSDA 互操作架构

1. IEC 61968-3 互操作测试

在北美组织的互操作试验中，IEC 61968-3 的互操作测试相对比较简单，主要是停电记录（Outage Record）的测试。测试过程为：

（1）一个参与者生成停电记录，并输出为 XML 文件。

（2）验证工具根据 XML 模式对生成的文件进行验证。

2. IEC 61968-9 互操作测试

EPRI 组织开发了 IEC 61968-9 的互操作测试方案，测试的内容包括：

（1）计划的读表，验证 AMI 系统分别在标称、错误的工况下进行远程读表的能力。

（2）按需的读表，验证 AMI 系统分别在标称、错误的工况下进行按需读表的能力。

（3）表计停电测试，验证 AMI 系统分别在标称、非标称的工况下报告电力中断的能力。

（4）表计篡改检测的测试，验证 AMI 系统分别在标称、非标称的工况下报告表计篡改的能力。

（5）表计断开/重连测试，验证 AMI 系统分别在标称、错误的工况下进行表计远程断开、重连的能力。

二、北美互操作测试

截止到 2008 年 10 月底，北美共组织了 11 次互操作测试，如表 6-2 所示的北美互操作测试一览表列出了 11 次互操作测试的时间、地点、参与厂家以及测试要点。之后，北美组织了 CDPSM、UCTE、IEC 61968 消息等的互操作测试。本部分将对 11 次互操作测试进行详细介绍。

表6-2　　　　　　　　　　北美互操作测试一览表

IOP 名	时间	地点	参与厂家	测试要点
第一次	2000 年 12 月 18～19 日	美国佛罗里达的奥兰多	ABB、ALSTOM、CIM－Logic、Langdale、PsyCor、Siemens 和 SISCO	参与者产品的自测试、电网模型交换测试
第二次	2001 年 4 月 29～5 月 1 日	美国内华达州的拉斯维加斯	ABB、ALSTOM、CIM－Logic、Siemens 和 SISCO	参与者产品的自测试、电网模型交换测试，以及基于交换模型的潮流计算测试
第三次	2001 年 9 月 26～28 日	美国加州的蒙特雷	ABB、ALSTOM、PsyCor International, Inc.、Siemens 和 SISCO	电网模型交换测试，以及基于交换模型的潮流计算测试
第四次	2002 年 7 月 15～17 日	美国加州的旧金山	ABB、GE Network Solutions、Langdale Consulting 和 PTI	增量模型交换测试、部分模型传输测试、ICCP 配置数据传输测试
第五次	2003 年 11 月 18～20 日	美国俄亥俄州的克里夫兰	Alstiom、Shaw PIT、SISCO 和 SNC Lavalin	GID 的一致性和互操作性测试、电网模型的交换测试
第六次	2004 年 7 月 19～22 日	美国加州的旧金山	Areva、EDF、Incremental Systems/Powerdata、Shaw PTI、Siemens 和 SISCO	基于 CDPSM 子集的电网模型交换测试、GID 接口测试、IEC 61968－3 消息标准测试
第七次	2005 年 9 月 27～30 日	美国加州的旧金山	ABB、Areva、EDF、Siemens PTI、Siemens 和 SISCO	HSDA 一致性和互操作性测试、TSDA 互操作测试、基于 IEC 61968 第 13 部分配电模型的数据交换
第八次	2006 年 3 月 30～31 日	美国加州的旧金山	Areva、SPTI、SISCO、SNC	验证更新之后的 CPSM 需求文档
第九次	2006 年 10 月 2～6 日	美国华盛顿 D.C.	ABB、EDF、GE、SPTI 和 SISCO 等	项目测试、GES 测试、IEC 61968－3 消息测试
第十次	2007 年 9 月 17～19 日	美国加州旧金山	ABB Ranger、ABB Spider、Areva T&D、GE Energy、Siemens PTI、Siemens T&D，and SNC Lavalin T&D	基于 CPSM 的电网模型交换测试、基于交换模型的潮流计算测试、增量模型测试
第十一次	2008 年 10 月 13～15 日	美国华盛顿 D.C.	Areva T&D、GE Energy、Siemens PTI、Siemens，EA、SISCO、SNC Lavalin T&D、UISOL 等	电网模型交换测试、基于交换模型的潮流计算测试、MAS 测试、增量模型测试

2000 年 12 月开展的北美第一次互操作测试采用文件方式进行模型交换，测试基于 CPSM 子集，CIM 的版本为 cimu09a.mdl，涉及的标准为 IEC 61970 - 301、IEC 61970 - 501。测试案例为 PsyCor 和 ALSTOM 公司分别提供的电网模型 CIM XML 文件，其中 PsyCor 模型为由一条交流线路连接的两个变电站，Alstom 的 60 节点模型包括 29 个变电站和 41 条交流线路。本次测试的结果为：所有参与者成功导入至少一个模型，并且正确地从 CIM/XML 格式转化成内部私有格式；6 家参与者都能导出模型文件，4 家正确地导出了没有修改的模型，1 家导出了一个 60 节点的模型，另 1 家没有做导出；2 家参与者正确地导出了修改后的模型，2 家导出了修改后的模型，但有一些错误。

2001 年 4 月开展的北美第二次互操作测试采用文件方式进行模型交换，测试基于 CPSM 子集，CIM 的版本为 cimu09b.mdl，涉及的标准为 IEC 61970 - 301、IEC 61970 - 501。测试案例为 PsyCor 小模型、ABB 40 节点模型、ALSTOM 60 节点模型外、Siemens 100 节点模型和 Duke Energy 大规模模型，其中 Duke Energy 模型包含了 1752 个厂站和 3095 条交流线路。测试结果为：有 3 个厂家成功导入 Duke 模型，2 个厂家基本导入成功；有 1 个厂家成功导出 Duke 模型，3 个厂家导出 Duke 模型基本成功，1 个厂家不具备导出功能；一个厂家潮流计算结果非常接近，1 个厂家有功潮流很接近，但无功潮流、母线电压和相角有较大差别。

2001 年 9 月开展的北美第三次互操作测试采用文件方式进行模型交换，测试基于 CPSM 子集，CIM 的版本为 cimu10.mdl，涉及的标准为 IEC 61970 - 301、IEC 61970 - 501。本次测试与第二次测试的内容基本相同，但增加了一个新的目标，验证参与者的产品和 XML 工具有处理实际大规模电网模型的能力。测试案例除了 Duke 模型外，增加了 1 个 CASIO 的大模型文件（包含 2473 个厂站和 3186 条交流线路段）。测试基本情况为：4 组厂家通过交换 Duke Energy 模型文件，成功进行了互操作，因此证明了其产品处理大模型文件的能力，但各厂家导入的时间从 20 分钟（直接导入 Oracle 数据库）到几个小时（导入厂家私有平台）不等；4 组厂家都能成功交换 CAISO 模型文件；ABB 和 Siemens 成功导入了其他厂家导出的所有大模型文件。

2002 年 7 月开展的北美第四次互操作测试采用文件方式进行模型交换，测试基于 CPSM 子集，CIM 的版本为 cimu10.mdl，涉及的标准为 IEC 61970 - 301、IEC 61970 - 501，以及新的增量模型更新规范。本次互操作测试的目标：测试增量模型更新的传输（如：传送最后一次更新后的变化，或者是某个日期/时间之后的变化）；测试模型的部分传输（如：使用"where is …"条件）；交换 ICCP

配置数据。测试案例为 Siemens 和 ABB 的模型文件，测试内容包括：增量模型更新测试、部分模型传输测试、ICCP 配置数据传输测试。测试结果为：ABB、Langdale 改变模型文件中的某个对象（增加、删除、改名字），成功导出了差异文件；ABB 成功导入了 Langdale 的增量模型文件，将 Siemens 100 母线模型的变化合并到已有模型文件中；ABB、Langdale 和 PTI 都成功导入和合并了部分模型和原始模型，形成了新的模型，ABB 和 Langdale 成功进行了新的模型文件导出，以及 ABB 对 Langdale 新模型文件的导入。

2003 年 11 月开展的北美第五次互操作测试是首次基于 GID 标准的测试，测试了 GDA 标准和 HSDA 标准。新的参与者也做了以前互操作测试的内容，包括通过 CIM/XML 传送全模型数据和传送增量修改模型。本次测试的测试案例为 Siemens 100 节点模型，测试目的包括：GID 的一致性和互操作性测试，含校验 GID 高速数据访问（HSDA）服务器产品的一致性和校验 GID 通用数据访问（GDA）客户端和服务器产品的互操作性；CIM/XML 互操作性测试，含检验全模型的导入/导出、检验部分模型的传输、检验增量模型更新以及交换 ICCP 配置数据。HSDA 测试包括一致性测试和互操作测试，GDA 测试包括 Requests 和 Events 两部分内容，其中 Requests 包含 create_resource_IDs、get_uris 等 11 个接口，Events 包含 on_event 和 ResourceChangeEvents 两个接口。SISCO 实现了 HSDA 和 GDA 接口功能，PTI 实现了 GDA 服务端接口功能。

2004 年 7 月开展的北美第六次互操作测试除了进行前几次的测试内容外，侧重于：① 模型交换上，基于公共配电系统模型（CDPSM）子集进行电网模型交换；② GID 接口测试，使用 OPC 的 CIM/XML 消息或 OPC COM 校验信息交换进行 HSDA 一致性和互操作性测试，使用面向中间件的消息（MoM）校验信息交换进行 GDA 互操作性测试；③ IEC 61968 - 3 消息标准测试，主要进行 Outage Record 消息的一致性测试。本次测试为第一次进行 IEC 61968 消息一致性和互操作性的测试，验证了参与测试产品的正确生成 IEC 61968 - 3 OutageRecord 的能力。

2005 年 9 月开展的北美第七次互操作测试的目的之一是证明 GID 的公共服务、HSDA 和 TSDA 等服务进行信息交换。除了完成第五次和第六次互操作测试的内容外，还增加了：① HSDA 一致性和互操作性测试，使用 OPC 的 CIM/XML 消息、面向中间件的消息（MoM）或 OPC DA 校验信息交换；② TSDA 互操作测试，使用 MoM 和 OPC HAD 标准校验消息交换；③ 增加了基于 IEC 61968 第 13 部分配电模型的数据交换。本次测试案例为 Areva 60 节点模型、

Siemens 100 节点模型、EDF27 节点模型和 UCTE14 节点模型。

2006 年 3 月开展的北美第八次互操作测试采用文件方式进行模型交换，主要用于验证更新之后的 CPSM 需求文档。

2006 年 10 月开展的北美第九次互操作测试的测试重点为：① 项目测试，测试由 SISCO 和 SPTI 执行的 Cleco Enery CIM/GID 项目的执行情况。该项目使用的 GID 服务包括 GDA、HSDA 和 TSDA；② GES 和 IEC 61968－3 消息测试由 SISCO/EDF 小组完成。主要测试过滤（消息和事件）和发送/接收消息。使用的消息是 IEC 61968 Part 3 中定义的配网运行－停电管理消息；③ EDF 提供了一个满足 IEC 61968－13 的 CDPSM 文件，该 CDPSM 也可作为 CPSM 需求的一个补充。测试也分成两部分：① 一致性测试——测试 GES 服务是否正确满足标准。即，GES 服务器必须正确的展示电力系统模型的一个或多个层次结构视图，并且正确地展示标准的消息模式供浏览。该测试只对 GES 服务器进行；② 互操作性测试——测试一个客户端与服务器互操作的能力。即，允许客户端订阅电力系统模型中包含的消息，并且能够发送和接收标准消息。

2007 年 9 月开展的北美第十次互操作测试的测试案例包括 GE WAPA 的 262 节点模型、Areva 的 60 节点模型、ABB 的 40 节点模型、SNC 的 96 节点模型。本次测试进行了规划到规划、规划到运行、运行到规划的全模型与增量模型的交换。

2008 年 10 月开展的北美第十一次互操作测试的 CIM 版本为 iec61970cim 13v12draft_iec61968cim10v11_combined.eap。本次测试的案例为 Areva 的 60 节点模型、GE WAPA 的 262 节点模型、SNC－Lavalin 的 60 节点模型、Siemens 的 100 节点模型。通过本次测试发现了 CIM13 版本的调节控制、运行限值集、MAS 边界等方面的问题。

三、ENTSO－E 互操作测试

在欧洲，ENTSO－E 负责领导组织与电网模型和市场交换相关的 CIM XML 互操作测试。自 2009 年以来，ENTSO－E 组织了 6 次"系统开发与运行"的互操作测试，以支持运行到运行、运行到规划、规划到规划的数据交换，包括短路数据、规划、动态特性以及配网模型的交换，其目标是促进 TSO 内以及泛欧层面的各类研究（如静态分析、动态研究、短路评估等）的开展。因"系统开发与运行"互操作测试均是基于 CGMES 子集的，这几次测试也简称为 CGMES 互操作测试。

2012 年，ENTSO-E 针对电能市场中的 CIM 组织了第一次 IOP，迄今也开展了 6 次"能源市场 CIM"互操作测试。由于这 6 次测试都是基于欧洲型市场子集（European Style Market Profile，ESMP），因此也简称为 ESMP 互操作测试。ESMP 互操作测试的开展证明了欧洲市场 CIM 子集文件的正确性，基于该子集可积极支持市场的协调和一体化，进一步推动欧洲内部能源市场（IEM）的发展。

（一）CGMES 互操作测试

表 6-3 为 ENTSO-E CGMES 互操作测试的一览表，包括时间、地点、参与厂家及测试要点等。

表 6-3　　　　　　　ENTSO-E CGMES 互操作测试一览表

IOP 名	时间	地点	参与厂家	测试要点
第一次	2010 年 7 月 12～16 日	布鲁塞尔	FGH、SISCO 和 ABB 等 15 家供应商	基于 CGMES 第二版的电网模型交换测试
第二次	2011 年 7 月 11～15 日	布鲁塞尔	RTE、SISCO 和 Nexant 等 18 家供应商	测试 CGMES 第一版和第二版的兼容性
第三次	2012 年 7 月 9～13 日	布鲁塞尔	RTE、SISCO 和 FGH 等供应商	验证 CGMES 2.3 版本，测试 ENTSO-E 网络建模数据库（NMD）
第四次	2013 年 7 月 8～12 日	布鲁塞尔	RTE、SISCO 和 Siemens 等供应商	验证高压直流输电线路、电力系统动态的建模方法，证 CGMES 2.4.12 版本子集
第五次	2014 年 7 月 14 日	布鲁塞尔	RTE、SISCO 和 Siemens AG 等供应商	验证 CGMES 2.4.14 版本子集
第六次	2016 年 7 月 11～15 日	布鲁塞尔	ABB、CESI 和 Simtec 等	验证 CGMES 2.5 版本子集、验证配网与 CGMES 之间的转换

2010 年 7 月开展的第一次 CGMES 互操作测试使用两个 CIM XML 验证工具（CIMTool 和 CIMSpy）来验证官方测试用例，以及由供应商参与者提供的 CIM XML 文件的正确性。本次测试的目标是验证文件头、模型权限集、拼接不同模型权限集提交的模型、动态计算数据的交换、SCADA/EMS 和"规划"工具之间的交换、差异文件的交换、部分 CIM 子集文件（设备、拓扑、状态变量和动态）的交换。本次 ENTSO-E 互操作性测试完成了 31 项测试，其中 SISCO UIB PI-AF 成功完成了一项非结构化测试。Tractebel/RTE 与 Eurostag 成功完成了基于第 9 项测试的非结构化测试。通过本次测试，成功测试了 ENTSO-E CIM 子集文件第二版的重要功能；其次，参加了 ENTSO-E IOP 的供应商通过使用基于 IEC CIM 最新标准的 ENTSO-E CIM 子集文件（第二版—草案）证明了 CIM 的兼容性；最后，本次测试更新了 ENTSO-E CIM 子集文件的路线图，为进一

步讨论 CGMES 奠定了坚实的基础。

2011 年 7 月开展的第二次 CGMES 互操作测试使用两个 CIM XML 验证工具（CIMSpy 和 CIMdesk）来验证官方测试用例以及每组由供应商参与者提供的 CIM XML 文件的正确性。本次测试的目标是验证文件头（新的 IEC 61970－552）、模型权限集、拼接不同模型权限集提交的模型、动态计算数据的交换、根据 IEC 60909 短路计算数据的交换、图形布局的交换（IEC 61970－453）、GIS 数据的交换、SCADA/EMS 和 "规划" 工具之间的交换、差异文件的交换、部分 CIM 子集文件（设备、拓扑、状态变量和动态）的交换。本次 ENTSO－E 互操作性测试完成了 33 项测试，包括所有将应用于 ENTSO－E 数据交换的必要功能。其中 EDF R&D 通过使用 Migration Converter 2.7 和 ENTSO－E CIM 子集文件第一版成功完成了一项非结构化测试。该非结构化测试包括从 UCTE ASCII 数据交换格式到 ENTSO－E CIM 子集文件（第一版）的数据转换。通过本次测试，成功测试了 CGMES 子集文件的最重要功能，验证了测试程序和测试模型；其次，参加了 ENTSO－E IOP 的供应商通过使用 ENTSO－E CIM 子集文件第一版和第二版草案证明了 CIM 的兼容性；最后，本次测试形成了 IOP 测试后的 CGMES 第二版，更新了 ENTSO－E CIM 子集文件的路线图，为进一步讨论 CGMES 奠定了坚实的基础。

2012 年 7 月开展的第三次 CGMES 互操作测试使用两个 CIM XML 验证工具（CIMSpy 和 CIMdesk）来验证官方测试用例以及每组由供应商参与者提供的 CIM XML 文件的正确性。本次测试的目标是测试 ENTSO－E 网络模型数据库，交换基于 CIM14（cim14v02）的实际 TSO 导出模型；验证基于 CIM16（cim16v10）的 CGMES 第二版的新版本，包括验证文件头、模型权限集、拼接不同模型权限集提交的模型、ENTSO－E 的短路扩展（IEC WG13 CIM16 IEC 60909）、动态计算数据的交换、根据 IEC 60909 短路计算数据的交换、图形布局的交换（IEC 61970－453）、GIS 数据的交换、SCADA/EMS 和 "计划" 工具之间的交换、差异文件的交换、部分 CIM 子集文件（设备、拓扑、状态变量和等）的交换。本次 ENTSO－E 互操作性测试完成了 33 项测试，包括所有用于 CGMES 第二版子集文件的 ENTSO－E 数据交换功能。通过本次测试，成功测试了 CGMES 子集文件的最重要功能，验证了测试程序和测试模型；其次，参加了 ENTSO－E IOP 的供应商验证了 CGMES 2.3 版；然后，测试了最近开发的 ENTSO－E 网络建模数据库（NMD）；最后，本次测试形成了经过 IOP 测试的 CEMES 第二版，更新了 ENTSO E CIM 子集文件的路线图，为进一步讨论 CGMES 奠定了坚实的基础。

2013 年 7 月开展的第四次 CGMES 互操作测试的目标是测试和验证最新的 IEC CIM 标准草案，该草案为 ENTSO－E CGMES 新版本的基础。测试中，对潮流、高压直流输电（HVDC）建模和动态数据交换进行测试，以满足系统开发和系统运行领域 TSO 数据交换的必要要求。通过本次测试，证实了表示高压直流输电线路和电力系统动态行为的新建模方法；其次，参加了 ENTSO－E IOP 的供应商验证了 CGMES 2.4.12 版草案；最后，更新了 ENTSO－E CIM 子集文件的路线图，为进一步讨论 CGMES 奠定了坚实的基础。

2014 年 7 月开展的第五次 CGMES 互操作测试的目标是验证基于 CGMES 2.4.14 版本的测试子集，解决与 CGMES 2.4 版本有关的问题，讨论适用于 CGMES 未来版本的 ENTSO－E 扩展。通过本次测试，验证了用于 CGMES 一致性的 2.4.14 版本的测试子集，成功解决了许多与 CGMES 2.4.14 版本有关的问题；最后，更新了 ENTSO－E CIM 子集文件的路线图，为进一步讨论 CGMES 奠定了坚实的基础。

2016 年 7 月开展的第六次 CGMES 互操作测试的目标是验证之前互操作性测试和解决 CGMES 中记录的所有问题，验证 CIM 扩展的提案。这些扩展将包含于 CGMES 2.5 版本中，并将支持欧洲法律所要求的数据交换。通过本次测试，参与者同意对 CGMES v2.5 进行必要的修改；其次，验证了 ENTSO－E CGMES 2.5 子集文件和文档；再次，验证了配电网络与 CGMES 之间的转换，这是 CGMES 交换 CDPSM 配网数据的第一步；最后，本次测试形成了经过 IOP 验证的 CGMES2.5 版，更新了 ENTSO－E CIM 子集文件的路线图，为进一步讨论 CGMES 奠定了坚实的基础。

为与 CGMES 互操作测试中的评价相配套，2014 年 ENTSO－E 推出 CGMES 的一致性评价框架，这是一个基于 CIM、ENTSO－E TSO 用于运行和系统开发信息交换的 ENTSO－E 标准。通过使用此框架，ENTSO－E 提供服务来评估厂商开发的不同工具。这是可用的应用按照标准规范进行验证的一个例子。CGMES 根据国际标准化组织（ISO）规定的流程进行一致性评价。由于 ISO 认证过程非常复杂，ENTSO－E 决定将 CGMES 一致性评价设计为提供给供应商和 ENTSO－E 成员的一个服务，而不是一个全面的认证过程。只应用到第一方和第二方评价流程。根据 ISO，第一方评价活动是一个由提供对象（IT 应用）的组织（供应商）执行的一致性评价。这时，供应商将通过发布 "一致性声明" 来声明其产品符合规定要求。第二方一致性评价活动是由想使用上述对象的组织

（用户）执行的。按照 ENTSO-E 的设定，第一方是所有遵从 CGMES 的厂商。ENTSO-E 充当第二方的角色，并发放"一致性认证证书"。这个流程可用于 IEC CIM 标准，并可扩展（如果需要的话），从而将 ISO 标准充分运用到由另外第三方进行评价的认证中。通过保证 TSO 环境中集成入业务流程的应用经过了更好的测试，ENTSO-E 已由此获益匪浅。

一致性评价还为未来 CIM 标准发展的测试数据提供了坚实的基础。最重要的是，一致性评价流程和 CGMES 的实施使系统的开发研究以及欧洲电网运行规程的执行得以展开。图 6-12 所示为 CGMES 一致性评价流程。

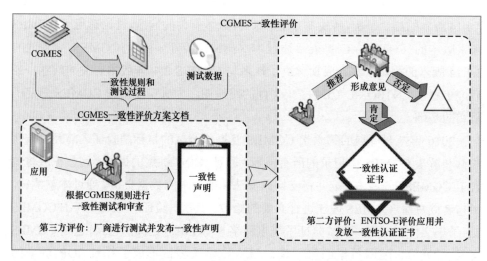

图 6-12　CGMES 一致性评价流程

（二）ESMP 互操作测试

ENTSO-E 从 2012～2015 年分别组织了六次 ESMP 互操作测试，列于表 6-4 中。

表 6-4　　　　　　　　　ENTSO-E ESMP 互操作测试一览

IOP 名	时间	地点	参与厂家	测试要点
第一次	2012 年 7 月 11 日	布鲁塞尔	FGH、SISCO 和 ABB 等厂商或 TSO	证明 IEC 62325-451-1 标准满足欧洲式市场子集文件中确认业务流程的信息要求
第二次	2012 年 12 月 10 日	布鲁塞尔	Alstom、ADMIE、MAVIR、HEP 运营商、PSE 运营商、REE、RTE 等厂商或 TSO	评估 IEC 62325-451-1、IEC 62325-451-2 是否符合 ENTSO-E 为计划流程制定的业务要求

续表

IOP 名	时间	地点	参与厂家	测试要点
第三次	2013 年 8 月	布鲁塞尔	MMS 厂商、TSO；具体未列出	评估 IEC 62325-451-3 是否符合 ENTSO-E 的容量分配和提名流程（ECAN）制定的业务要求
第四次	2013 年 12 月 16～17 日	布鲁塞尔	Alstom、RTE、Swissgrid 等厂商或 TSO	评估 IEC 62325-451-4 和 IEC 62325-451-5 是否符合 ENTSO-E 的结算（ESP）、状态请求（ESR）和问题陈述（EPS）流程所制定的业务要求
第五次	2014 年 7 月 8～11 日	布鲁塞尔	MMS 厂商、TSO；具体未列出	评估 ENTSO-E XML 实例与 IEC 62325 XML 实例是否可以相互映射
第六次	2015 年 3 月 30～4 月 3 日	布鲁塞尔	Alstom、RTE、National Grid、ADMIE、Elia、Swissgrid、MAVIR、50Hertz 等厂商或 TSO	评估用于 ENTSO-E 备用资源流程和欧洲大陆区域集团结算流程的 ENTSO-E XML 实例与 CIM ESMP XML 实例是否可以相互映射

2012 年 7 月开展的第一次 ESMP 互操作测试是 IEC 62325 电力市场 CIM 扩展的首次测试。本次测试的目标是证明 IEC 62325-451-1 满足欧洲式市场子集文件中确认业务流程的信息要求。在测试中，还涉及了 ENTSO-E NMD，所有 TSO 均参与了 NMD 相关的测试，以提高 TSO 和 NMD 平台之间基于 CIM 的数据交换的互操作性。通过本次测试，发现在 IEC 62325-301、IEC 62325-351、IEC 62325-451-1 上实施的工作均符合业务要求；其次，确认本标准没有重大缺陷；最后，标准包括的功能支持已在 ENTSO-E 中应用的交换。

2012 年 12 月举行的第二次 ESMP 互操作测试的目标是评估 IEC 62325-451-1、IEC 62325-451-2 是否符合 ENTSO-E 为计划流程制定的业务要求，即是否可以使用 CIM 生成的 XML 模式定义（XSD）处理当前计划、异常和确认报告的 ENTSO-E XML 实例。通过本次测试，发现在 IEC 62325-301、IEC 62325-351、IEC 62325-451-1 和 IEC 62325-451-2 上实施的工作符合业务要求；其次，确认该标准没有缺陷；最后，标准版本包括的功能支持已在 ENTSO-E 中应用的确认和计划业务流程的交换。

2013 年 8 月开展的第三次 ESMP 互操作测试的目标是评估 62325-451-3 是否符合 ENTSO-E 的容量分配和提名流程（capacity allocation and nomination process，ECAN）制定的业务要求，即是否可以使用 IEC 62325-451-3 中制定的 XML 模式定义（XSD）处理当前与支持 ECAN 过程的 8 个不同文档相关的 ENTSO-E 兼容的 XML 实例。通过本次测试，发现在 IEC 62325-301、IEC 62325-351 和 IEC 62325-451-3 上实施的工作符合业务要求；其次，确认该标准没有缺陷；最后，标准版本包括的功能支持已经应用的交换，以便在欧洲市场内实现传输容量分配和指定业务流程。

2013 年 12 月开展的第四次 ESMP 互操作测试的目标是评估 IEC 62325－451－4 和 IEC 62325－451－5 是否符合 ENTSO－E 的结算（ESP）、状态请求（ESR）和问题陈述（EPS）流程所制定的业务要求，即是否可以使用 CIM IEC 62325－451－4 和 IEC 62325 中制定的 XML 模式定义（XSD）来处理当前与支持 ESP，ESR 和 EPS 过程不同文档相关的 ENTSO－E 兼容的 XML 实例。通过本次测试，发现在 IEC 62325－301、IEC 62325－351、IEC 62325－451－4 和 IEC 62325－451－5 上进行的工作符合业务要求；其次，确认该标准没有缺陷；最后，标准版本包括的功能支持已经应用的交换，以便在欧洲市场内实现结算，问题声明和状态请求流程。

2014 年 7 月开展的第五次 ESMP 互操作测试的目标是评估 ENTSO－E XML 实例与 IEC 62325 XML 实例是否可以相互映射。通过本次测试，发现在 IEC 62325－351、IEC 62325－451－1、IEC 62325－451－2、IEC 62325－451－3、IEC 62325－451－4 和 IEC 62325－451－5 上实施的工作符合业务要求；确认该标准没有缺陷；以及标准版本包括的功能支持已经应用的交换。

2015 年 3 月展的第六次 ESMP 互操作测试的目标是评估用于 ENTSO－E 备用资源流程和欧洲大陆区域集团结算流程的 ENTSO－E XML 实例与 CIM ESMP XML 实例是否可以相互映射。通过本次测试，发现在 IEC 62325－351、IEC 62325－451－1 和 IEC 62325－451－4 上实施的工作符合业务要求；确认该标准没有缺陷；以及标准版本包括的功能支持已经应用的交换。

四、中国互操作测试

我国自从 2000 年 9 月在南京召开了 EMS－API 电力行业标准工作组扩大会议之后，就启动了互操作测试的进程，截至 2006 年我国已成功举办了 7 次互操作测试，这为加深对 IEC 61970 的理解，提高我国电网调度自动化技术水平都起到了十分重要的作用。本部分将对国内各次互操作测试进行简单的介绍。

2001 年 7 月 EMS－API 电力行业标准工作组第三次扩大会议在南京召开，会议明确了我国应加快互操作测试工作的指导意见，并制定了第一次互操作测试的基本内容和方式。会议决定：① 第一次互操作测试采用由易到难、由浅入深的方式，首先测试 XML 文件的导入和导出，暂时不考虑应用计算；② 初步定为 2~3 个月内各测试厂家完成第一步导入导出测试，由各厂家完成内部的导入/导出测试后再进行互操作测试；③ 考虑到美国的互操作测试是以 CIM 09a 版为基础的，CIM 09a 版相比 CIM 09b 更加成熟、可靠，决定采用 CIM 09a 即 CIM – schema – cimu09a.xml 作为工作组互操作测试的 CIM 版本。参与本次互操作测试的单位包括：国电南瑞、清华大学、积成电子和东方电子。可以说国内的第一次互操作测试只是一个尝试，各厂家并没有带着自己的产品（包括硬件和软件）统一到一个测试室建立测试环境，而是通过电子邮件的方式进行交流，但这次测试为以后各次互操作打下了坚实的基础。第一次互操作测试成功完成，测试结果为：东方电子完成了对小模型、ABB、ESCA60 和 Siemens100 的导入和导出，各种数据模型的潮流计算，演示了 Siemens 和 ESCA 的导入和导出；中国电科院完成了小模型、ESCA60 和 Siemens100 导入导出工作和潮流计算，并对积成电子的导出结果进行了导入；国电南瑞完成了对小模型、ABB、ESCA 和 Siemens 的数据导入导出，并进行了潮流计算，并对积成电子和中国电科院的导出结果进行了导入，此外对广东省网实际系统进行了测试；清华大学完成了对小模型、ABB、ESCA 和 Siemens 的数据导入导出以及 IEEE 118 个节点的 DTS 建模，实现了 IEEE 14 节点测试系统的网络拓扑、状态估计、调度员潮流等计算，导出成基于 XML 的 CIM 模型文件；积成电子完成了对小模型、ABB、ESCA 和 Siemens 的数据导入导出，并进行了 Siemens 模型的潮流计算，并对国电南瑞和东方电子的导出结果进行了导入。

国内第二次互操作测试于 2002 年 1 月 23～24 日在国家电力调度通信中心举行。参与单位包括中国电科院、国电南瑞、南瑞继保、清华仿真、清华 EMS、积成电子和东方电子。测试分为两个阶段：第一阶段的测试采用符合 CIM10 标准（2001/10/15 版）的 N100（Siemens100 节点模型）、N60（ESCA60 节点模型）和 N14（IEEE 14 节点模型）模型，进行导入、潮流计算和导出测试；第二阶段的测试利用不同厂家多次导入导出的模型进行潮流计算。第一阶段测试测试结果为：N14 模型和 N60 模型，各家都能进行导入导出，由于模型原因，潮流计算不能收敛；N100 模型，大部分厂家都能导入其他厂家提供的 N100 模型文件并潮流计算收敛，也有部分厂家导入其他厂家的 N100 模型文件后潮流计算不收敛。第二阶段测试结果为：不同厂家多次导入导出的模型进行潮流计算与原始潮流比较，计算结果都正确。

国内第三次互操作测试于 2002 年 8 月 2～3 日在国家电力调度通信中心举行。参与单位包括中国电科院、国电南瑞、清华大学、积成电子和东方电子。测试阶段和步骤为：① IEEE 14 节点模型－TH14.xml，各厂家进行导入和计算潮流（状态估计，可选），比较结果。② 各厂家提供测试用的实际电网模型 xml 文件，进行导入和计算潮流（状态估计功能，可选）；Siemens 系统模型合并测试，首先导入 Siemens 系统不包含 PORT 厂站的 xml 文件，再导入只包含 PORT 厂站的 xml 文件，进行潮流计算，并和完整的 Siemens100 节点模型计算结果比较；各家单位分成两个小组，进行各个实际系统的拆分和合并测试；积成电子提供纵向的分离模型，其他各个厂商进行导入、合并和潮流计算。测试结果为：① IEEE14 节点模型，各个厂家潮流计算结果都正确；清华大学、积成电子、东方电子状态估计结果收敛，其他两个厂家未做测试。② 各厂家提供测试用的实际电网模型 xml 文件，供其他厂家进行导入和计算潮流；除了其中有一个厂家提供的电网模型文件其他厂家无法导入外，参与厂家都能导入其他厂家提供的电网模型文件并潮流计算收敛，部分厂家状态估计结果也收敛。③ 各个厂家完成了 Siemens 两个模型文件的导入和模型合并，并且潮流计算结果收敛。④ 各厂家进行了实际模型系统的拆分，并交付其他方进行导入和潮流计算，除了有一个厂家不能导入另一个厂家提供的模型文件外，参与厂家都能导入其他厂家提供的电网模型文件并潮流计算收敛。⑤ 积成电子提供实际系统纵向的分离模型，其他各厂家都完成了导入并且潮流计算收敛，其中两个厂家状态估计也收敛。

　　国内第四次互操作测试于 2004 年 1 月 12～15 日在国家电力调度通信中心举行。本次互操作测试是国内基于 IEC 61970 CIS 标准的首次测试，参与厂家包括中国电科院、国电南瑞、南瑞继保、清华大学、积成电子和东方电子。本次测试的主要内容是测试不同厂家产品之间通过 GDA 基本接口进行互联时的互操作性，采用的标准是 IEC 61970-402 的 4 版（草案）和 IEC 61970-403 的 3 版（草案），测试模型采用的是修改后的西门子 100 模型。本次测试主要集中在 CIS/GDA 接口的基本部分，包括 get_resourceIDs、get_uris、get_values、get_extent_values 和 get_related_values 组成的 5 个基本方法，测试这些基本方法的互操作性。为了提高测试的效率和保证测试结果的准确性，本次测试分小组测试和整体测试。首先进行小组测试，分成三组，各组首先自行测试，再由测试小组进行测试。然后，不分组，指定任一互操作成员作为服务端，其他各互操作成员作为客户端，观察结果的正确性和潮流计算情况。测试结果表明，其中 4 个厂家能支持 GDA 接口的上述 5 个基本的数据查询方法，并通过这些接口方法进行电网全模型的获取，进行潮流计算，既能作为服务端提供数据，又能作为客户端获取数据，并且成功进行了小组间的互操作测试；其中一个厂家完成了服务端 5 个基本的数据查询方法，但作为客户端获取全模型后，无法进行潮流计算；其中一个厂家完成了 4 个数据查询方法，get_related_values 方法没有实现，因此不能获取全模型和进行潮流计算。

2004 年 9 月 14~16 日在国家电力调度通信中心举行了基于 CIS GDA 接口的国内第五次互操作测试。参与厂家包括中国电科院、国电南瑞、南瑞继保、清华大学、积成电子和东方电子。为了提高测试的效率和保证测试结果的准确性，本次测试分为小组测试和整体测试 2 个过程。本次测试主要测试 GDA 过滤查询接口、GDA 更新接口和 GDA 事件接口（DAFEvents）。本次测试还增加了GDAEvents 可选项测试，由于当时标准中的 GDAEvents 接口不全，本次互操作对其进行了扩充，但考虑到这种扩充是非标准的，因此 GDAEvents 接口作为可选测试项。测试结果表明：① GDA 过滤查询接口，各个厂家测试结果都正确；② GDA 更新接口，各个厂家测试结果都正确；③ 有 3 个厂家进行了 GDAEvents可选项测试，结果也正确。

2006 年 10 月 26、27 日在国家电力调度通信中心举行了第六次互操作测试。本次互操作测试是国内针对 IEC 61970 CIS HSDA 标准的首次测试。参与厂家包括中国电科院、国电南瑞、南瑞继保、清华大学、积成电子和东方电子；另外，国电南自作为清华大学的合作单位也参加了本次互操作测试，浙江大学及其合作单位上海久隆信息公司作为本次互操作测试的观察员。本次互操作测试主要针对 HSDA 服务进行测试，包括 CIM XML 全模型导入和 HSDA 数据访问接口测试。测试 CIM XML 全模型导入主要目的一是检验各互操作成员通过 CIMXML 文件导入实现电网全模型建立的正确性，二是为后续 HSDA 互操作测试提供模型准备。HSDA 数据访问测试内容包括数据访问会话的建立/撤销；IEC TC57视图数据浏览；数据交换，包括简单读/写、同步读/写、异步读/写、订阅。经过两天的测试，互操作测试的整体情况良好，参加测试的各家单位在完成指定分组测试的基础上，都至少完成了与其他 3~4 个厂家的互操作测试，但鉴于时间的紧迫，本次互操作没有对各家单位所实现的 HSDA 服务端进行性能方面的测试。

2007 年 10 月通过网络平台举行了国内第七次互操作测试。参与厂家包括中国电科院、国电南瑞、南瑞继保、清华大学、积成电子、东方电子和久隆信息；另外，浙江大学作为组织者和中立监督员也参加了本次互操作。本次互操作的主要目的是验证基于 SVG 公共图形交互格式的互操作性。本次互操作模式文件为 cim10_030501.rdf，模型文件为带量测的 Siemens 100 母线模型文件，图形文件为 Siemens 100 母线总体变电站连接潮流 svg 文件以及 3 个变电站的 svg 文件。

为了提高测试的效率和保证测试结果的准确性，本次测试分为小组测试和跨小组测试 2 个过程。测试结果为：① 不带拓扑 SVG 自测试：各个厂家都完成了自测试；② 不带拓扑互测试：各个厂家至少完成了其他一个厂家提供的 SVG 文件导入测试；③ 带拓扑 SVG 自测试，有 6 个厂家都完成了自测试，1 个厂家不参与；④ 带拓扑 SVG 互测试，有 6 个厂家至少完成了其他 1 个厂家提供的 SVG 文件导入测试，1 个厂家不参与。

第二节 北美应用案例

公共信息模型（CIM）在电力系统中的应用最早从北美开始，由国际电工委员会（IEC）和美国电科院（EPRI）倡导，主要供应商积极响应，在美国的公用事业单位、输电系统运营商（TSO）、独立系统运营商（ISO）开展应用。CIM 的应用主要集中在网络模型管理、公共信息使用、应用程序集成等方面，提升了网络建模的一致性和模型质量，节省了系统建设、集成和运维的投入。基于 CIM 扩展的配电公共信息模型，也在配电系统的规划、运行、控制和管理中得到了应用。

一、网络模型管理器

网络模型管理器（Network Model Manager，NMM）是管理输电系统公用事业单位、输电系统运营商（TSO）和独立系统运营商（ISO）的网络模型数据集成和统一方法的关键组件。

NMM 这项工作是 8 家公用事业公司（美国电力公司、邦纳维尔电力管理局、法国电力公司、新英格兰 ISO、美国中部大陆 ISO、英国国家电网、美国德州输电公司 Oncor 和 PJM 互联公司）、2 家供应商（阿尔斯通、西门子 PTI 公司）和美国电科院共同合作完成的。IEC 和 EPRI 探索了使用公共信息模型（CIM）来协调模型管理的各种方法，本项工作是在 IEC 和 EPRI 以前工作的基础上开展的。

此处使用的术语网络模型管理，是指所有需要网络模型的各类分析（包括潮流、状态估计、故障分析、短路计算、动态和暂态分析）的数据管理，以及需要网络分析（运行、运行计划和长期规划）的所有场景。需要说明的是，虽然本项目重点是用于输电网的网络模型管理，但许多解决方案的策略、潜在优势和要求也适用于配电领域。

1. 项目背景

现有的数据管理存在的问题是缺乏统一架构，网络模型信息流以多种形式来自多个数据源，流向多个目标系统，并且由许多不同的事件非同步触发。

在制定改进的网络模型管理愿景时，考虑了所有业务过程，并尽量减少冗余工作，以便更有效地发挥数据管理工具的作用。模型管理的技术愿景基于图 6-13 所示的架构。左侧是典型公用事业公司的原始企业数据源（Enterprise Data Sources），从中可提取网络模型数据。右侧是网络模型用户（Network Model Consumers），例如能量管理系统（EMS）或一套规划应用程序。在这两者之间，引入了 NMM 功能。NMM 的作用是维护网络模型数据的主数据仓库，给不同网络模型用户共享。

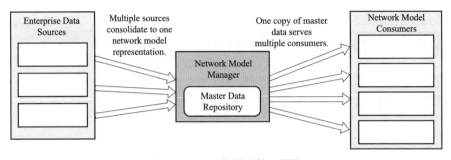

图 6-13　网络模型管理愿景

Enterprise Data Sources—企业数据源；Multiple sources consolidate to one network model representation—多源数据合并成一个网络模型描述；Network Model Manager—网络模型管理器；Master Data Repository—主数据仓库；
One copy of master data serves multiple consumers—一份主数据服务于多用户；
Network Model Consumers—网络模型用户

NMM 提供了一个维护主数据源信息的环境，可以实现高效维护、可靠的质量控制以及用于各种分析过程所需的网络基础案例。主数据元素只创建一次，可多次使用。此外，NMM 也充分利用了 IEC CIM 互操作性标准的优势，可作为系统集成的工具。

2. 解决方案

目前，大多数公用事业公司的网络模型管理都需要太多的手动步骤，并且在多个地方维护相同的信息。因此，最好的解决方案是安装"网络模型管理器"，作为整合模型数据和使网络模型管理自动化的核心工具，具体改进工作分为两个主要部分：

（1）获取、安装和初始化 NMM 组件。

（2）将 NMM 与其他现有系统和应用程序集成。

NMM 将在网络模型管理中发挥核心作用，其目的是维护大多数分析过程应该共享的主数据。主物理网络模型（Physical Network Model，PNM）仓库是 NMM 的一部分，用于定义网络的固有物理特性和功能。由于这些信息的变化很慢并且对所有研究都至关重要，因此 PNM 自然就成为网络数据管理的焦点。图 6-14 给出了 NMM 的基本功能概览。

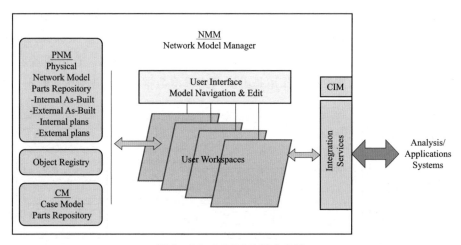

图 6-14 NMM 的基本功能

PNM—物理网络模型；Physical Network Model Parts Repository—物理网络模型数据仓库；Internal As-Built—内部已竣工模型；External As-Built—外部已竣工模型；Internal plants—内部发电厂模型；External plants—外部发电厂模型；Object Registry—对象注册表；CM—案例模型；Case Model Parts Repository—案例数据仓库；NMM Network Model Manager—网络模型管理器；User Interface Model Navigation & Edit—用户界面模型导航和编辑；User Workspaces—用户工作空间；CIM—公共信息模型；Integration Services—集成服务；Analysis Applications/Systems—分析应用/系统

（1）主物理网络模型。NMM 永久存储的最重要的部分是主物理网络模型仓库。主 PNM 的范围包括对输电网所有电气元件的重要解析特性进行建模。例如，一个特定的变压器有来自其详细结构和铭牌的电气特性模型，该模型在几乎所有网络分析案例中都应该相同。PNM 用于维护该变压器的官方建模，所有流程都应从 PNM 获取数据。PNM 包括电气连接和连接示意图，支持将电网作为一个整体进行分析。

从 TSO 的角度来看，PNM 数据有四个主要子集：

1）主 TSO 元件及其连接模型，与系统当前结构一致。

2）邻近的 TSO 元件及其连接模型，与系统当前结构一致。

3）TSO 内部输电网规划的变化集合，用于生成未来态基础案例。

4）相邻外部区域输电网规划的变化集合，用于生成未来态基础案例。

对于所有 PNM 数据来自外部数据源（TSO 成员或相邻 ISO/TSO）的 ISO，有两个 PNM 数据子集：

1）ISO 涉及范围内部和外部的元件，由外部提供元件模型及其连接模型，与系统当前结构一致。

2）外部提供的对 ISO 内外区域规划的变更集合，用于生成未来态基础案例。

（2）其他功能。用户工作空间是单个用户可以查看和编辑模型组件、执行验证过程、定义规划和配置完整案例以进行导出的地方，不会干扰其他并发用户。用户界面可以使用户在其访问权限允许的情况下，查看、导航和编辑网络模型数据。这两部分功能，本书不详细介绍。

（3）NMM 在公用事业网络模型管理中的作用。图 6 – 15 说明了 NMM 如何与网络模型管理中涉及的其他系统相关联。图中，浅绿色阴影框表示网络模型信息的来源和目的地。

1）企业数据源（Enterprise Data Sources）代表来自主 TSO 系统的信息，这些信息是网络模型中所需数据的原始来源。ISO 通常没有真正的企业数据源，而是依赖来自其 TSO 成员的信息。

2）外部数据源（External Sources）代表主系统之外的系统中的信息，例如 TSO/TSO 成员的 ISO 或相邻系统。

3）网络案例（Network Cases）是在网络分析系统（如 EMS、规划或保护应用程序）内管理的分析案例。

3. 成效总结

完全实现集中式网络模型管理的优势是巨大的：

（1）具有可通用访问的单一模型数据源。

1）作为当前已竣工模型和项目变更的"参考模型"。

2）模型包含来自最可靠数据源的"最佳"已知信息。

3）所有模型更新和案例创建均从单一数据源生成。

4）数据模型设计良好，数据组织良好，能实现模型可复制和案例流程可配置，并有机会通过脚本实现自动化。

5）模型内容在用户应用程序之间保持一致，无需手动比较。

6）建模时间大大缩短，因为更改只需输入一次，所有用户的应用程序都会收到它们需要的信息。

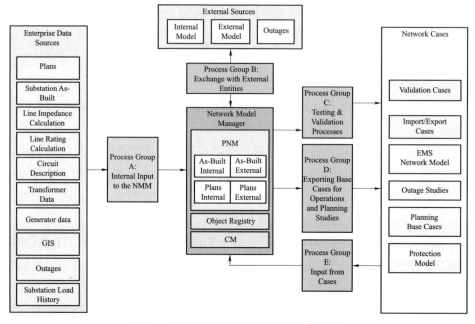

图 6-15　网络模型管理中 NMM 的作用

Enterprise Data Sources—企业数据源；Plants—发电厂；Substation As-Built—已竣工变电站；Line Impedance Calculation—线路阻抗计算；Line Rating Calculation—线路额定值计算；Circuit Description—电路描述；Transformer Data—变压器数据；Generator data—发电机数据；GIS—地理信息系统；Outages—停电信息；Substation Load History—变电站负荷历史信息；External Sources—外部数据源；Internal Model —内部模型；External Model—外部模型；Outages—停电信息；Process Group A：Internal Input to the NMM—进程 A 组：内部输入到网络模型管理器（NMM）；Process Group B：Exchange with External Entities—进程 B 组：与外部实体的交换；Process Group C：Testing & Validation Process—进程 C 组：测试和验证过程；Process Group D：Exporting Base Case for Operations and Planning Studies—进程 D 组：导出基态案例给运行和规划应用；Process Group E：Input from Cases—进程 E 组：从案例导入；Network Model Manager—网络模型管理器；PNM—物理网络模型；As-Built Internal—内部已竣工模型；As-Built External—外部已竣工模型；Plants Internal—内部发电厂模型；Plants External—外部发电厂模型；Object Registry—对象注册表；CM—案例模型；Network Cases —网络案例；Validation Cases—验证案例；Import/Export Cases—导入/导出案例；EMS Network Model—EMS 网络模型；Outages Studies—停电分析；Planning Base Cases—规划基础案例；Protection Model—保护模型

（2）应用程序的模型精度得到提高。

1）所有案例都建立在经过验证的已竣工模型之上。

2）规划模型集中管理和维护。更容易保证数据的完整性，每个案例都会获得该工程的准确、最新版本。

3）工程的变更可触发相关案例的重新创建。

4）提高了研究结果的质量，减少了识别/纠正问题所花费的人力。

（3）有助于模型的定量验证。

1）由于数据输入点定义明确，因此可以实施明确的验证规则。

2）在多个环节对数据进行验证。包括输入到 PNM 时的校验（正确的结果和取值范围），数据收集完成后的内部验证（自动合理性交叉检查），创建案例时的外部验证，以及模型或工程准确性的可视化确认。

3）提高了对研究结果的信心。

（4）模型维护工作流程得到增强。

1）对模型的更新（包括调试）能准确及时地传达给所有目标功能（用户应用程序）。

2）在项目生命周期的适当节点识别和传达对源数据的需求。

3）具备理解和促进数据完整性的业务流程，并且可以持续改进。

4）数据的完整性和质量得到提高，并减少了纠正错误或疏忽所花费的人力。

（5）模型和案例的信息交换得到简化。

1）可基于 CIM 标准形式编制模型与案例信息。

2）可更简洁地定义用户应用程序的数据交换接口要求。

3）以标准形式交换的数据与用户产品无关，可促进公平交流并减少对任何一家供应商的依赖。

4）前瞻性的解决方案可使企业能有效处理未来流程或应用程序的更改（内部和外部）。

（6）保留历史数据。

1）按时间保存已竣工模型的版本，允许对过去的某一时刻进行案例重建。

2）可追溯项目状态和内容更改。

3）案例配置的检查跟踪，可清晰表示案例的假设，并在模型更改后可准确重建案例。

4）支持事后分析的能力大大提高，随着时间的推移，有效管理模型更改的工作量显著减少。

（7）文档得到改进。

1）通过使用示意图可以更好地描述项目范围。

2）每个案例都记录了案例假设和配置过程步骤。

3）记录每个项目的完成情况。

4）减少了沟通和管理变更所花费的人力。

二、查询能耗数据的通用方法

1. 问题分析

这里给出的是采用 CIM 标准分享和查询能耗数据的通用方法。此案例是基于被欧美地区广泛接受的绿色能源概念，即绿色按钮（Green Button），其理念之一是客户可以从受安全保护的网站以标准化的电子格式下载其各自的能量使用信息。

绿色按钮是一项白宫倡议，它是由美国联邦政府科技政策办公室（OSTP）、能源部（DOE）、美国国家标准与技术研究院（NIST）和环境质量委员会（CEQ）共同提出的。该倡议承诺消费者可以享受来自其能源供应商的通用性体验，并且鼓励相关生态系统供应商、应用软件和服务提供者，围绕标准化能量使用信息（EUI）进行开发。

图 6-16 描述了用于应用和服务的绿色按钮数据的基本维度：

（1）总用量（Overall Usage）——在一个计费周期或任何周期内总计消耗了多少能量？

（2）历史用量（History of Usage）——在一定时间间隔内，如 15min、几小时、几天、几个月，使用了多少能量？

（3）费用（Cost of Usage）——与能量使用量相关的费用如何？

绿色按钮因其市场渗透率和能提供可靠能耗信息的应用软件，在美国有着里程碑式的影响力。因此加拿大随后效仿，其他国家也开始着手应用。

图 6-16　绿色按钮数据的基本维度

2. CIM 解决方案

绿色按钮起始于 UCAIug 的开放自动数据交换（OpenADE）特别工作组，他们为电网企业与用户授权的第三方之间的自动数据交换开发了第一套应用软件。

在 2009 年年末，美国国家标准与技术研究院（NIST）建立了智能电网互操作组织（SGIP），以协助和推进智能电网标准的发展。在此之前的早期成果是先导行动计划 10（PAP10），其目标是实现能量使用信息的标准化。

PAP10 注意到，这些数据（能量使用信息）与量测数据十分相似。目前已在寻求描述该信息的面向对象的视图。SGIP 本身不是标准开发组织，它主要是召集包括 TC57 WG14 在内的标准发展组织（SDO）相关代表来合作解决问题。北美能源标准化委员会（NAESB）自愿牵头建立能量使用信息（EUI）的标准模型。正在开发的 ZigBee 智慧能源项目 2.0 有着相似的目标和更广的覆盖面。

尽管所有参与方都认为，公共信息模型（CIM）具有成为智能电网经典信息模型的潜力。然而，CIM 本身的覆盖范围很广且主要应用于公用事业公司。

PAP10 团队集中了 CIM 委员会的想法和建模经验，总结出了一个满足 EUI 需求的 IEC 61968－9 文档。NAESB 完善了这个文档，即 REQ.18/WEQ/19。接着，OpenADE 工作组为 NAESB 提供实现需求，即建立 REQ.21 能量服务提供者接口（ESPI），其中 ESPI 可以产生 RESTful 与 REQ.18 语义交换的句法和协议。ESPI 标准增加了用户授权的第三方访问用电资源的维度，通过结合使用 Atom 发布协议的 CIM 量测数据模型与 OAuth 第三方授权协议提供这些标准化服务。

这项技术成熟且被 NAESB 批准后，美国联邦政府首席技术官 Aneesh Chopra 首次提出了绿色按钮提议。Aneesh 和他在 OSTP/DOE/NIST 的团队与三家加利福尼亚独立公用事业单位基于 NAESB 标准创立了绿色按钮。这是管理部门通过安全和具有隐私保护网页技术实现的数据开放，绿色按钮项目首次实现了该成果，可为退伍军人管理局个人医疗记录的标准化提供开放的技术规范。

因此，绿色按钮进行数据交换的核心信息很大程度上基于 CIM 量测模型。

3. 项目影响

这项技术的成果是非凡的。现在有数千万的美国用户可以访问基于 CIM 的数据，数十个公用事业单位和第三方服务提供商基于此标准进行数据交换。从绿色按钮提议的提出到实现仅用不到两年时间。这项技术在很短时间内就实现了广泛的应用。

不仅如此，2012 年，美国能源部发起了一个绿色按钮"能源应用程序"大赛，以激励各行业开发创新的应用程序，使消费者可以利用绿色按钮数据更好地了解其能量使用情况，从而帮助他们进行节能决策，节省开销和降低碳排放。该项目取得了很大的成功，有超过 12000 人参与了这项挑战并开发出 10 多个新的应用程序，有效促进了此标准的实际应用。

2012 年年末，加拿大跟随美国的步伐，在安大略省开始使用绿色按钮。在 2012 年 11 月 21 日的媒体活动上，安大略省能源部长 Chirs Bentley 先生宣布本省的绿色按钮提议。正如在美国一样，绿色按钮在加拿大迅速被采用，在部长宣布此项提议仅 9 个月后，超过 260 万安大略省民众就可以访问他们的绿色按钮数据，而且使用此应用程序的节能价值也显现出来。

三、能源服务接口

1. 问题分析

为了定义一种用于交换能量使用信息的通用格式和协议，UCAIug OpenSG 和 NAESB 内部需要一个信息模型，使得来自不同公司、行业和背景的参与者可以达成一致。作为 NIST SGIP PAP10 项目的一部分，南加州爱迪生电力公司（SCE）基于 CIM 标准开发了能源服务接口，这也是基于绿色按钮理念的项目。

2. CIM 解决方案

SCE 采用可扩展的解决方案以支持 OpenADE 和 NAESB 工作组制定能源服务提供商接口（ESPI）/绿色按钮规范，其目标是从 IEC CIM 的抄表包中选择对象作为交换对象的基础。该方法具有以下特点：

（1）技术中立——因为模型是在 UML 中定义的，因此它可以被翻译成多种实现语言。本项目选择 XML 作为有效载荷的表示。

（2）可扩展性——适应 CIM 对象的能力使得它能够与 Atom 发布的协议一起使用。定义交换机制，可使用 RESTful 普遍支持的开放标准，如 XML 和 HTTP/S。

（3）兼容性——CIM 的另一个特点是电力公司和设备制造商都熟悉它。此外，用于家庭局域网（HAN）通信的智慧能源 2.0 项目也使用 CIM 作为消息传递的基础，从而使两个协议之间的转换更容易。

（4）国际支持——有很多方法都能构建信息模型。因为 CIM 是使用一致的开发过程构建的，所以团队不必花时间去创造新的东西。

（5）团体/工具——由于 CIM 有一个成熟的团体，通过工具和流程的多次迭代，能够找到一些使用模型的有效方法。SCE 和 PG&E 资助可扩展的解决方案，以帮助在这些智能电网标准内主导和完善模型。

3. 项目影响

在 SGIP 和其他组织的帮助和指导下，UCAIug 正在开发一个绿色按钮标准的测试和认证程序，以确保可以实现相互之间的互操作。这项计划将使得能源消费者能够自动定期传输其数据，以便对智能家电和其他能源管理服务进行主动管理。

尽管刚刚开始涉足这一新的前沿领域，但来自许多电力公司的数百万客户现在已经可以以标准格式访问他们的使用数据。2012 年，SCE、PG&E 和 SDG&E 一起成为首批实施该标准的电力公司，使大多数加州人都能有效使用数据，而且这些数据可以与越来越多的能源服务提供商共享。

四、企业集成和通用企业语义模型

1. 问题分析

消费者能源公司（Consumers Energy）利用 IEC CIM 不仅进行企业（内部）集成，而且构建了具有网络连接模式的通用企业语义模型。

消费者能源公司从 2008 年就开始使用 IEC CIM 标准，当时他们正在为 AMI 解决方案而努力，着手开展服务差距分析。该项目希望提供一种解决方案，即如何基于现有供应商系统，使用诸如 IEC CIM 之类的开放性工业标准。其目标是开展供应商应用程序和基于标准的服务之间的差距分析，并与供应商合作，确保从供应商产品的角度为行业标准提供足够的覆盖面和支持，为消费者能源公司提供开放和集成的 AMI 解决方案。其结果是可在各种系统和应用程序之间实现互操作，并且可以建立通用语义来表示企业中的电力系统对象。

支撑 ADMS 功能的新应用的开发促使当前技术格局不断变化。在网络连接模式下，如何解决企业分析业务的未来新需求正被提上日程。面临的挑战是如何确保一套统一的网络模型，覆盖企业的方方面面。

2. CIM 解决方案

项目涉及的标准主要有 IEC 61968 – 1、IEC 61968 – 9 和 IEC 61968 – 100。IEC 61968 – 1 接口参考模型（IRM）用于将功能要求分组。其业务功能和抽象化组件，通过 UML 序列图表形式，用于描述应用系统接口。在用于集成的 XML 模式（XSDs）下，IEC 1968 – 9 是定义量测和控制上下文模型的基础。

在服务差距分析取得初步成功后，消费者能源公司开始建立基于 IEC CIM 的企业语义模型（ESM）。在 Sparx 系统企业架构（EA）表示法中，标准中的

UML 类和属性将建为信息传输定义模块，采用的是 MD3i 框架中的模型驱动方法。这个框架包含一系列插件，允许使用者一步一步地与 EA 用户接口。因此，它可以提供语义一致的公共语言，实现企业内跨平台和系统的数据信息交互。其主要优势有：

（1）消除集成中的重复性工作。

（2）最大化公共数据模型的可复用性。

（3）减少集成和技术支持的总费用。

（4）便于多供应商环境下的信息构建。

（5）平衡集成时供应商基于 CIM 的解决方法和 SOA 方法。

因此，消费者能源公司决定使用这种方法和 IEC CIM，建立一个可用在不同应用和信息源的网络连接模型，使它与特定技术或解决方案解耦，或者最小化对特定技术或解决方案的依赖性。

3. 项目影响

作为开放智能电网（OpenSG）用户组的主要成员，消费者能源公司与其他公用事业单位密切合作，推广 CIM 标准并为 CIM 模型的改进和扩展提供用户需求。认识到了对公共网站服务定义（WSDLs）的需求，消费者能源公司提供了 IEC 61968-100 的工作资源，并在定义标准实施子集的公共网站服务模板上发挥了明显作用。

总体来说，IEC CIM 标准在消费者能源公司的自上而下业务流程差距分析、集成服务设计、信息传输和网页服务定义等方面都有很好的应用。即使这一代的网络连接模型是 2017 年的，消费者能源公司仍将继续用此方法和相关工具进行集成。

五、集成设计和管理

1. 问题分析

这里给出的案例是爱达荷州电力公司（Idaho Power Company，IPC）如何将 CIM 用于集成设计和管理过程。当爱达荷州电力公司开始依托智能电网实现业务转型时，IPC 首先需要建立一个鲁棒性系统集成框架，来处理由于计划内系统更换而带来的新老系统交互问题。面向服务架构（SOA）与成熟的互操作性标准相结合，是解决可伸缩性和可拓展性问题的最好方法。

IPC 很快就意识到要想取得成功，其关键是在第一个集成项目，即代替"停电管理系统"（Outage Management System，OMS）项目，开始之前就要制定一套管理策略和做法。管理的一个关键点是给所有的系统交互选择一个国际标准，并且该标准要独立于各个供应商平台。CIM 作为美国国家标准与技术研究院（NIST）推荐的标准被选出来进一步评估，看这个标准是否可以用于处理每个系统交互点的信息交换，以及用于开发和维护多系统交互定义的工具。

2. CIM 解决方案

CIM 标准包含一个信息模型和多个源自该模型的子集（或消息定义），以确保交换的信息中每一个数据元素都有单一源定义。基于 CIM – UML 模型，IPC 开发了一套企业语义模型（ESM），该模型提供了专用拓展功能以及标准 CIM 所需的其他修改功能。基于 CIM 的 ESM 提供了一个语义定义和数据定义的通用集，这个通用集可以将所有需要的系统交互信息定义为 XML 模式。此外，集成框架都包含带有数据适配器的企业服务总线，用于将数据从内部系统表示形式转换成 ESM 表现形式。

为了开发、管理和维护 ESM 以及基于 ESM 的消息定义，IPC 选择运行在 Sparx 企业架构平台的可扩展 MD3i 框架，该平台也被 IEC 标准机构用于管理和维护 CIM – UML 模型。在执行了概念验证项目之后，可扩展 MD3i 被选择用来做以下工作：

（1）开发一版 MD3i 进程来满足 IPC 集成设计过程的需要。

（2）开发一个多用户、基于服务的 Oracle 企业架构模型工具环境，供 IPC 系统分析人员用来开发和维护 ESM 以及系统交互。

（3）对于如何使用 MD3i 加载项来执行 ESM 建模和设计的集成设计流程，提供对 CIM 和 UML 的模型训练。

（4）根据 IPC 集成设计流程，对所选系统的集成提供指导、建议和研发。

然后，使用 XML 模式为 ESB 的系统适配器建立系统到 ESM 的映射。

3. 项目影响

管理多系统集成项目的关键，是基于 CIM 的 ESM 和系统接口定义而制定的集成设计过程和管理策略。由于每一个新的系统集成都能够通过对旧系统的重复利用来构建，因此定义系统交互的工作量随着新项目的增加而降低了。最终能够通过适当的工具来管理其使用，CIM 标准可以提供一个可伸缩的、可维护的集成框架，并能够随着新系统的集成而带来更多的效益。

六、企业信息管理和语义集成方案

1. 问题分析

这是公共服务企业集团——长岛集团（Public Service Enterprise Group-Long

Island，PSEG－LI）——利用 IEC CIM 进行企业信息管理和语义整合的计划。

PSEG－LI 实施的一个智能电网项目，即如何将新应用与原有应用程序集成起来。该项目的关键驱动因素是，降低集成和数据存储方案复杂度，减少研发和运维成本，提升 PSEG－LI 从众多服务供应方中整合所需数据的能力，实现"最佳组合"应用。

PSEG－LI 架构的目标是：提供一个鲁棒性强、灵活、松耦合的面向服务的体系架构。此松耦合架构有以下好处：

（1）一个系统的改变对其他已有系统的影响极小。

（2）在实施改进或新功能时具有便捷性和灵活性，且最大程度降低成本/工作量/风险。

（3）允许整体决策、分析、规划、风险管理等方面所需的数据同化。

（4）允许对未上架应用本没有的新设计功能进行开发。

PSEG－LI 避免了专有的集成解决方案，而是以语义互操作性为目标，利用基于标准的架构，从而减少新集成和集成维护的成本和工作量。语义互操作性是实现架构解耦的关键。

2. CIM 解决方案

PSEG－LI 方法是一种基于 IEC CIM 公共模型的端到端模型驱动方法，用于设计和施工，适合于目标松耦合的系统集成。这与 IEC TC57 WG14 的目标一致。

PSEG－LI 已经解决了公用事业单位在运用公共模型方法时遇到的很多问题，并且为管理方法、处理流程和实现的方法论提供了可扩展的解决方案。

PSEG－LI 选取 MD3i 2.0 方法和框架作为集成和数据仓库的解决方案，这种方法的主要特点是：端到端的模型驱动方法；与传统方法相比，是范式转移法；架起了设计、开发和运行之间的桥梁；提高了灵敏度、响应度和速度；减少了时间、成本和风险。

此方法的主要组成部分有：

（1）处理流程和管理方法。

（2）基于 IEC CIM 的集中管理语义（数据）模型（ESM）。

1）用公共模型协调的异构接口。

2）基于标准 CIM 模型的专用扩展和其他修改的管理能力。

3）ESM 支持所有数据库的设计，以保证正在传输的数据和永久配置的数据的语义一致。

（3）集中管理交换模型（EXM）。

1）服务定义、语义映射和业务规则。

2）业务流程和异常处理。

3）业务规则、转换和映射的集成和重复使用。

4）自动的差距分析和归档。

5）无需编程，为资源部署生成"即刻准备使用"的服务。

（4）集中管理开发和运行时的部署。

1）生成即刻准备使用的 SOA 服务。

2）持续测试。

3）在 Java 运行环境内部署。

4）在全部部署的服务和公共模型（ESM）间，实现变化影响的自动分析。

3. 项目影响

此方法帮助 PSEG-LI 建立了一个分层且松耦合的架构，具有对业务和监管变化的灵敏度和响应度更高的商业优势，可以平衡新项目中的服务（实现最小重构的再使用）。

项目包括集成解决方案和持久数据存储。

PSEG-LI 的模型驱动语义集成方法面对复杂又充满挑战的环境，始终在预算范围内并按时执行。当改变实施方案时，有少部分时候会采用传统的 SOA 方法。

所有新项目都采用了此架构和方法，基于以下两点可以减少成本和提升交付速度：

（1）采用模型驱动方法+管理+流程+工具，对模型进行"自动化/集成"开发、测试、实施和维护。

（2）跨公司系统和 SOA 的数据和接口的再用。

七、OpEx 20/20 和智能计量项目

1. 问题分析

桑普拉能源公司（Sempra Energy，SEU）希望将其海量业务数据、信息和知识作为公司资产进行管理。为了达到该目的，桑普拉能源公司（SEU）于 2007 年提出了一个企业信息管理（EIM）战略和业务案例来实现这些资产的价值，从而优化公司业绩。桑普拉能源公司（SEU）使用 CIM 支持其 OpEx 20/20 和智能计量程序，降低了系统集成、维护和支持的成本。

为了支持两个大型业务计划（OpEx 20/20 和智能计量），桑普拉能源公司（SEU）IT 部门建立了服务交付计划，以确保所有当前和未来计划中的 IT 服务是一致的和可持续的。服务交付计划的关键就是使用面向服务架构（SOA）进行过程集成和信息管理。

在为 OpEx 20/20 和智能计量提供可持续的流程集成和企业智能化方面，面向服务架构（SOA）集成获得了成功，桑普拉能源公司（SEU）发现，其成功的关键就是采用了"公共模型"方法来定义公共接口，并在数据级提供松耦合。

2. CIM 解决方案

CIM 标准包括一个信息模型和从该模型派生的多个消息定义，确保所有信息交换的每个数据元素都有单一源定义。基于 CIM－UML 模型，桑普拉能源公司（SEU）开发了自己的企业语义模型（ESM），称为 SIM，它包含了标准 CIM 模型所需的所有扩展和其他改进。基于 CIM 的 ESM 提供了一组通用的语义定义和数据定义，可以将所有需要的系统交互定义为 XML 模式。

桑普拉能源公司（SEU）集成框架包括一个企业服务总线（Oracle）。最常用的集成模式在每个系统接口上都包含数据适配器，可以用于将数据从内部系统表示转换为 ESM 表示。

项目实现了用可扩展 MD3i 框架来管理、开发和维护基于 IEC 公共信息模型（CIM）的企业信息模型（SIM），包括：

（1）根据需求来管理 SIM 扩展的流程。

（2）一个工具集（运行在 Sparx 企业架构上的插件），该插件可以用于管理多个参考模型、公共模型、数据继承和映射。

3. 项目影响

这种方法支持实现新的应用程序，如资产管理、工作管理、移动办公管理、停电管理。围绕基于 CIM 的 ESM 和系统接口定义，集成设计过程和治理策略是管理多个系统集成项目的关键。由于每个接口定义都是以 SIM 公共模型为基础，并且每个适配器都将专有接口转换为公共模型表示，因此桑普拉能源公司（SEU）实现了所需应用程序间的解耦。桑普拉能源公司（SEU）还通过这种方法实现了服务的再利用，节省了时间和成本。由于每个新的系统集成都能够重用早期项目成果，因此定义系统交互的工作量随着每个新项目的增加而减少。

八、配电公共信息模型建模

这里主要介绍北美的一个技术创新计划——配电公共信息模型（DCIM）的

建模，包括 IEC 标准版差异部分，以及使用 CIM 的软件工具。之前已有工作试图将 CIM 应用于北美配电馈线建模，但没有进行互操性测试，且 CIM 尚未发展到可以支持北美馈线。相比之下，美国全国农村电气合作协会的多语言规范已经发展到可以专门支持北美馈线。

1. 问题分析

北美的配电馈线不同于最初 CIM 所代表的输电系统，也不同于世界大多数地区的配电系统。例如，线路和负荷通常都是不平衡的，许多线路和变压器都是单相或两相的，接地方式也各有不同。本项目提供了两个有代表性的配电馈线，以便于在 CIM 中进行扩展，范围包括电气、资产、地理图和负荷建模。

2. 技术方案

两个参与的公用事业单位是太平洋电力公司（PacifiCorp）和阿拉巴马电力公司（Alabama Power Company）。这两个公用事业单位使用 Areva DMS、CYME International CYMDIST 和 ABB FeederAll 作为工程分析软件。它们的输入文件从原始格式转换为 EPRI OpenDSS 软件的网表文件，该软件已作为开源软件发布。通过比较 OpenDSS 中的潮流结果与原软件的输出结果，提供一种验证模型转换的方法。下一步是将模型从 OpenDSS 转换为 CIM 兼容格式。（注：当时此步骤尚无法验证，因为配电潮流模型在 CIM 中尚未最终确定）。

项目选择了北美的两个含馈线的配电系统（PacifiCorp 的馈线和 Alabama 电力公司的馈线），首先将两个示例的馈线模型转换为 OpenDSS 格式，并用 OpenDSS 进行潮流仿真计算。这个过程本书不详细介绍，本书主要介绍 CIM 的建模过程。

3. CIM 模型开发

项目中生成的 CIM RDF 模型文件，使用了 3 个示例：

（1）PacifiCorp 模型是 FeederAll 数据库文件（Microsoft Access MDB 文件），大小为 3.5 MB，先转换为 220 KB 的 OpenDSS 网表文件，然后转换为 2.87 MB 的 CIM RDF 文件。

（2）Alabama Power Company 模型（两个馈线）是 Areva XML 文件，大小为 3.25MB，先转换为 510KB 的 OpenDSS 网表文件，然后转换为 8.88MB 的 CIM RDF 文件。

（3）一个较小的配电模型，用于说明线路的地理位置，是从 30kB 的 OpenDSS 网表文件转换为 307kB 的 CIM RDF 文件。

平均而言，CIM RDF 模型比 OpenDSS 网表文件大 10～15 倍，后者更为简洁。

最初尝试使用 XSLT 将 OpenDSS 网表文件转换为 CIM RDF，但这与基于代码的转换相比没有优势。XSLT 2.0 支持文本解析，但对非结构化文本文件没有真正的好处。最终使用来自 OpenDSS 程序的 Delphi 代码实现了转换。新添加了"export cdpsm"命令，现在该命令也是开源软件的一部分。项目显然没有使用特定于 RDF 的工具包，但即使用到，也不会有任何优势，因为 CIM RDF 具有非常扁平的结构。

项目使用 CIMSpy 验证一些导出的 CIM RDF 语法，并作了一些变更。但是，还没有一套完整且更新的 CDPSM 验证规则。本示例包括以下内容：

（1）最新发布的 IEC 61968-13 中定义的类和属性，尽管 CIM 从那时起删除了一些引用类（例如，EquivalentLoad）。

（2）CIM 版本 14 中定义的类和属性。

（3）提议的新的或修改的类和属性。

本示例在模型中使用了唯一 ID，但实际上需要全局唯一标识符（GUIDS）来保证问题域内（即跨模型和跨电力系统）的唯一性。

很明显，CIM RDF 对象是以扁平结构编写的，没有层次结构和顺序依赖性。然而，一个对象通常会包含对其他对象的引用。这使得文件易于写入，但读取可能会更复杂。一种改进方法是将整个文件读入内存，在此过程中构建数据结构。然后，再使用唯一标识符解析数据结构之间的引用。最后，可以将 CIM 派生的数据结构转换为本地文件格式。

4. CIM 有关建议

通过本项目，总结了 CIM（特别是 CDPSM）和 OpenDSS 中所需的新功能，以更好地支持北美馈线建模。

以下问题将通过 IEC TC 57 WG 14 第 11 部分的建模团队提交。问题按优先级分组，最重要的是互操作性测试影响停电分析的问题，其次是潮流问题，然后是资产建模问题。例如，CIM 需要 Recloser 和 Sectionalizer 类来表示馈线，但这种差距不会影响潮流测试。

以下问题会影响停电分析：

（1）明确地理坐标的使用。这对于配电系统上潮流结果的图形表示很重要。很明显对任何 PowerSystemResource 可以定义 Location 和 GmlPosition。但这可能会导致位置不一致或冗余。此外，在 CIM 的 IEC 61968 部分中，Location 类是用于定位面向服务的位置和地址。

（2）恢复等值负荷（EquivalentLoad）类。这可能是表示用户负荷的首选方法，并且已在最新发布的第 13 部分（CDPSM）标准中引用。

（3）给绕组分配相位代码，以便可以表示线对线的单相变压器。

（4）变电站外的所有设备都应该放在馈线容器中，而不是在间隔或变电站中。一般来说，变电站和间隔被认为是"围栏内"。在北美配电馈线上，有许多杆装和垫装设备，包括变压器、开关、电容器组、重合器、熔断器、分段器和应与馈线相关联的调压器。馈线被认为具有电压等级。围栏内的设备仍应使用变电站（Substation）和间隔（Bay）对象。

（5）明确 Terminals 和 Connectivity Nodes 上的相位展示。CIM 相位分配在 Conducting Equipment 上表示，它间接定义了 Terminals 和 Connectivity Nodes 上的相位。一些配电分析软件是以这种方式运行，但它也维护实际节点或母线上的相位。CDPSM 子集和互操作性测试应涵盖各种相位的配置，以确保支持拓扑模型的正确性。

以下问题会影响潮流测试：

（1）增加完整的调压器控制参数，包括 TA 和 TV 变比、电压带宽、R 和 X 的倒数。

（2）对于电容器控制，增加功率因数、无功控制、时间和温度。

（3）添加新的线路代码类，可作为 CIM 扩展以促进潮流模型的转换。可以传输每个线段的实际阻抗，但是传输中将丢失有关常见线路结构类型的信息。

（4）定义结构化矩阵格式，用于相阻抗矩阵。这可能是另一种支持潮流模型转换的 CIM 扩展。

以下问题会影响资产建模和故障分析：

（1）添加重合器（Recloser）类。重合器是一种安装在电杆上的故障断路器，带有内置的相继电器和接地继电器、电流互感器和辅助控制装置。它可能被表示为聚合到 CIM 变电站或间隔中的设备，而失去了作为重合器资产的身份。PacifiCorp 和 Alabama 电力公司的例子都有重合器。

（2）添加分段器（Sectionalizer）类。该设备是一个自动开关，可锁定打开以隔离故障部分。它可能有也可能没有切断负荷的能力。其主要目的是在故障电流过高或过低的位置提供故障分段，以便正确协调熔断器动作。Alabama 电力公司和 PacifiCorp 的例子都有分段器。

（3）添加传感器（Sensor）类。Alabama 电力公司更为看重对线路自检传感器的建模（或馈线上的任何类型的传感器）。必须与第 11 部分的建模团队一起定义传感器属性。配电系统本来没有大量仪表，随着对"智能电网"概念的兴趣日益浓厚，对有限的可用传感、控制和通信设备进行建模和评估将变得更加重要。

九、配电系统应用程序接口

1. 问题分析

现代配电系统包括越来越多的自动化设备和系统，并产生越来越多的数据。此外，随着分布式能源的日益普及，配电系统也变得越来越复杂，在运行上越来越具有挑战性。在这种情况下，要求新一代配电系统应用程序能够充分利用不断增长的数据量，同时减少集成和部署应用程序的时间和成本。这里给出的是美国太平洋西北国家实验室（Pacific Northwest National Laboratory，PNNL）的一个配电系统规划、运行、控制和管理平台的应用程序接口案例。

2. CIM 解决方案

对于新一代应用程序，GridAPPS–D 是一个开源的、基于标准的开发平台。通过基于公共信息模型和使用 Java 消息服务（JMS）发布–订阅机制的统一应用程序接口，基于 WG14 IEC 61968–100 的平台能够提供对数据的集成访问。平台的概念设计如图 6–17 所示。

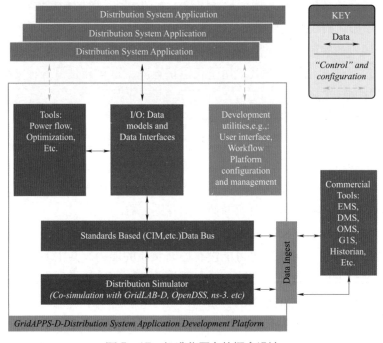

图 6–17　标准化平台的概念设计

基于 IEC 61968-100 标准的数据总线使用三重存储数据库技术来解决查询各种网络模型的问题。三重存储技术直接匹配与 EMS（IEC 61970）和 DMS（IEC 61968）CIM 表示相关联的主谓宾三重表的 IEC 61970-501（CIM-XML）RDFS 形式，实现了跨多个配电网应用的可移植性。GridAPPS-D 使用 Blazegraph™ 的三重存储技术和传统的元数据关系数据库技术，以及 InfluxDB 技术。其中，InfluxDB 是一种支持分布式实时数据采集和管理的开源工具，包括基于 CIM 的通用唯一标识符（mRIDs），用于联合和交叉引用通过 GridAPPS-D 数据总线收集的数据。

3. 项目影响

GridAPPS-D 的开发始于 2016 年 9 月。2018 年 5 月发布了 1.0 版本，并提供 GridAPPS-D 功能需求规范中定义的核心功能。后来又开发了几个示例应用程序，并于 2018 年年底进行了测试，以证明可利用现代配电系统中的可用数据来解决电压/无功优化、改进的负荷预测、高级微电网控制、状态估计与能量交换系统等问题。

通过使用 CIM 标准化应用程序接口和消息传递，以及三重存储技术，使应用程序可移植成为可能。使用这种方法开发的应用程序能够以较低的成本部署在任何符合 GridAPPS-D 编程模型的供应商系统或平台上。通过建立一个通用的方法，高级应用程序的优势可以被更多的电力公司利用。

第三节　欧洲应用案例

CIM 在欧洲的实践比北美稍晚一些，2008 年欧洲电力传输协调联盟（UCTE）成立了信息交换工作组，并逐步开展相关 IEC 标准的制定工作。欧洲输电系统运营商（ENTSO-E）基于公共信息模型（CIM）标准和美国电科院（EPRI）在网络模型数据管理方面的经验，提出了高级分析功能所需要的网络数据管理策略。

一、CIM 在 ENTSO-E 的发展和实现

2007 年 UCTE 同意发起一项新的基于 UCTE XML 的数据交换格式的发展计划，该格式被视为潮流和动态数据交换的标准，并允许基于该格式进行所有类型的分析，包括稳态分析、不平衡短路电流和动态分析。

2008 年 UCTE 加入 EPRI 项目并和 IEC TC57 WG13 工作组建立合作关系，

成立了 UCTE 信息交换工作组。

2009 年 UCTE 提出"调度计划"模型优先制定策略，成功地在 TSO 之间开展互操作测试，并把形成的 ENTSO－E 子集提交给 IEC。在此基础上委托 ENTSO－E 和 IEC WG13 工作组开展相关 IEC 标准的制定工作。

2009 年欧洲电力系统发展委员会同意将 CIM/XML 用于 ENTSO－E 的数据交换，ENTSO－E 秘书处作为公共信息模型（CIM）交换过程中相关问题的协调方，成为维护和支持的中心机构，同时也是国际组织 IEC 的交互接口。图 6－18 给出了 ENTSO－E 秘书处的关系协调图。

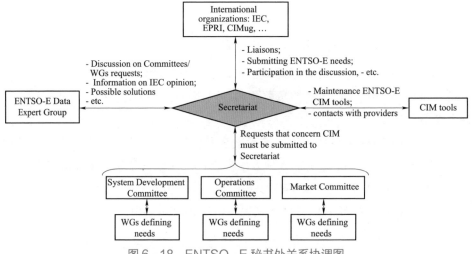

图 6－18　ENTSO－E 秘书处关系协调图

二、欧洲输电网数据管理

欧洲电网是由不同的同步区域和不同类型的实体组成的大型互联网络。每个实体类型都有明确的职责和自己的控制范围，其目标是确保电网的可靠运行，同时也支持欧洲内部电力市场和二氧化碳减排计划。欧洲电网的整体成功运行取决于每个实体很好地履行其职责。

目前，由于可再生能源渗透率高、输电能力有限、系统中电力电子设备增多、市场种类繁多、影响运营的费用增加等因素，电网的运行和长期发展规划都面临压力。欧洲正在部署更复杂的系统运行和开发实践项目来应对这些挑战。这些项目的核心是一系列分析功能，可以实时地对电网正在发生和在未来时间框架内预计将发生的事情进行持续评估。本案例主要介绍这些高级分析功能所需要的网络数据管理过程。

在对电网建模和进行分析时，欧洲立法要求高度合作。ENTSO－E 通过建立协调建模规则来促进合作，并承担立法者定义的责任。

欧洲各地的输电系统运营商（TSOs）被要求参与越来越多的泛欧洲网络模型构建过程。虽然他们参与的目的和范围各不相同，但所有这些过程都包括：

（1）每个 TSO 提供其电气范围的建模，形成一个单独电网模型（IGM）。

（2）由较大的区域或泛欧实体将 IGM 合并到公共电网模型（CGM）中。

（3）在欧洲高压电网的安全性和可靠性研究以及支持其市场运作的研究中，使用 CGM。

（4）向做出贡献的 TSO 提供 CGM。

CGM 的准确性依赖于一系列关键的欧洲电网规划、运营和市场决策行为。CGM 的质量直接反映了组成它的 IGM 的质量。虽然有许多因素会影响 TSO 生成 IGM 的质量，但最基本的因素之一是 TSO 内部如何有效地管理其创建中使用的网络模型数据。最好的供应商工具、最清晰的数据交换标准以及 CGM 创建实体时对 IGM 最严格的验证，都无法克服由不相连的 TSO 创建 IGM 的过程中或孤立的 TSO 源数据管理所引起的数据完整性问题。

1. TSO 模型管理

EPRI 一直在探索一种基于公共信息模型（CIM）的方法来管理电力公司内部的网络模型数据，包括输电领域和配电领域（注：参考 Network Model Manager Technical Market Requirements）。本案例旨在提出 TSO 的最佳实践，基于 IEC CIM 和 EPRI 近年来在网络模型数据的有效管理方面所做的大量工作，提出 TSO 在创建高质量 IGM（以及随后对 CGM 的使用）时采用的策略，并特别关注欧洲 TSO 应如何利用这些理念来履行其参与欧洲流程的义务，这些流程也是基于 CIM 标准的。

现在从总结欧洲对网络数据管理的要求开始讨论。关于数据的组织，欧盟立法规定了必须完成的任务（必须建立什么，如何共享）以及由谁负责，但让行业自行制定本地的解决方案。

总之，立法规定，建立电网模型时，每个 TSO 负责向作为流程协调者的实体提供其电网区域的模型，然后协调者生成组合模型，并将结果提供给正在进行分析的实体。这将产生两种产品，即 IGM 和 CGM，它们在《容量分配和阻塞管理指南》（EU 2015/1222）中有定义。这些基础数据产品可跨多个流程使用：

（1）单个电网模型（Individual Grid Model，IGM）是描述一个 TSO 的电力系统特性（发电、负荷和电网拓扑）的一组数据，由该 TSO 创建，以表示指定场景❶下的电网状态。

（2）公共电网模型（Common Grid Model，CGM）是由协调者通过合并给定的 IGM 创建的，针对指定场景*的电网联合稳态解（发电、负荷、电网拓扑以及电压和潮流状态）。

2. 模块化电网建模

TSO 网络模型管理方法的主要原则是使用单一的一组足够详细的网络模型数据，以满足 TSO 参与的所有网络分析（无论是内部还是外部）的建模要求。如果实现得当，那么对于大多数网络分析应用，可以仅一次输入网络模型数据，然后通过一组协调功能进行有效管理，就可以根据需要频繁快速地生成高度准确的网络模型和案例。TSO 网络模型管理最佳实践可概括为两个部分：

1）主建模（Master Modelling），是建立一套支撑流程，在互锁但不重叠的模块中维护电网源数据，从而形成清晰的企业"单一真实数据源"。除此之外，主建模为每个元件分配一个主资源标识符，在任何建模中该元件都用这个标识符标识。

2）装配（Assembly），是满足每个用户基于主数据模块的自动化建模过程（其用户可能是内部 TSO 分析功能或可交付给欧洲流程的成果）。

（1）主物理数据内容。物理建模信息的来源是 TSO 内或任何电网参与者（如 DSO、发电机、直连用户等）的工程设计功能，TSO 充当数据聚合者/建模代理者。然而，这些设计数据的组织是用来支持基础设施的建设和维护的，而不是用于网络分析的，因此需要转换成电网的分析模型。

从工程数据源到主物理模型的数据转换包括以下工作：

1）对三相平衡系统的单线图表示。

2）用于电网规划和运行的元件的识别。

3）线路和变压器阻抗模型的计算。

4）根据电路元件详细信息计算限值。

5）电网测量和控制的位置和描述。

---

❶ "场景"是对电网规定的假设，包括研究的时间框架、直流联络线潮流和控制区域的净交换功率，经常还包括其他规定，例如来自市场承诺的个体电能计划值。

6）表示各级分析应用中的电网控制功能。

7）电网连接类型与能量预测和计划模型的关联。

8）适用于支持分析类型的动态行为和谐波数据建模。

9）电网示意图。

10）分析工具需要的其他工程判据。

主建模数据保留了所有分析用户需要的所有细节，因此保留了所有开关设备、地理位置、动态额定值计算数据等，可以表示电网的重要电气性能。

TSO 的主物理建模内容必须满足以下要求：

1）必须包括输出所需的全部物理数据。

2）必须包括内部 TSO 分析应用所需的全部物理数据。

3）必须包括生成任何研究场景数据所需的物理数据（比如计算电路限值所需的数据）。

（2）电网演化的主数据表示。主模型包括对当前建设的电网和计划新建设的电网的表示。电网的当前状态称为"竣工"，随着系统结构的发展，将创建"竣工"的新版本。正在进行的主要 TSO 活动（规划、预算、建设和调试项目）受项目流程控制。主建模使用变更模型来表示分析中的此类项目。

变更模型元数据能够识别项目，并反映 TSO 流程中的项目状态，以确保可根据分析中的确切版本来记录分析。

当需要对电网的未来状态进行分析时，可从竣工的主模型开始，选择相关变更模型，并将变更顺序应用于竣工起点，来创建未来状态的"派生"模型。由于对未来状态的分析非常常见，使用者的数据集通常由派生模型而不是主模型组成。派生模型元数据将对派生进行注释。

（3）基础资料维护。主数据必须不断更新，以反映最新的工程和施工活动。每当新计划被批准或更新时，必须将新版本的计划添加到主数据集中。创建相应变更模型内容的过程如图 6-19 所示。

当计划的工作完成时，以前预期的变更将添加到竣工模型中，从而创建新的竣工模型版本，如图 6-20 所示。

3. 欧洲电网框架

欧洲互联电网划分为不同的控制区，每个控制区都有维持频率和网络交换功率的责任。通过对电网中高压网部分的分析，实现整个电网的可靠运行。每个控制区的模型由控制区管理局负责，该建模应通过一个框架来组织，其中每个控制区都是一个框架。在大多数情况下，TSO 是控制区的权威。

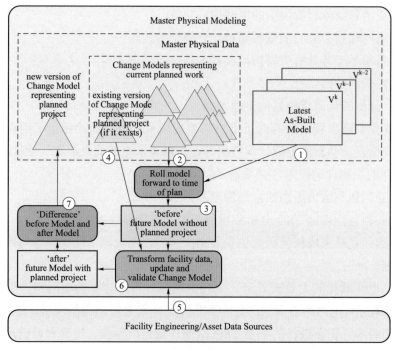

图 6-19　为新项目创建变更模型

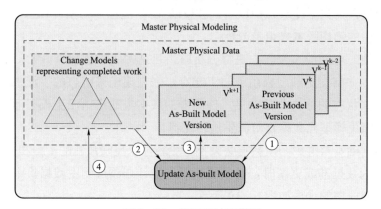

图 6-20　修正已竣工模型

图 6-21 显示了由 MyTSO 加上有 12 个边界定义的其他 8 个 TSO 框架组成的高压网框架。为了实现此框架，每个框架的建模负责方已聚集在一起，并商定了边界模型中包含的相互对象。边界模型可以改变，但由于边界比框架小，边界模型的变化频率比框架模型的要小。变更模型描述了边界模型随时间的变化情况，而且还需要相互协商。

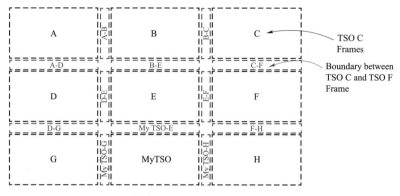

图 6−21　包含 MyTSO 和其他 8 个 TSO 的框架

为了举例说明，假设图 6−21 是 MyTSO 参与的欧洲框架。图 6−22 展示了一个典型的 TSO 内部框架。

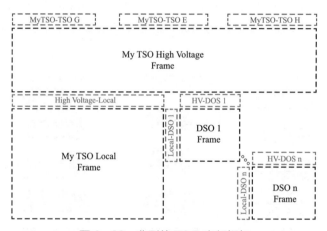

图 6−22　典型的 TSO 内部框架

从最上面开始，该内部框架将欧洲框架中表示为"高压网"框架的设备分开。高压网框架由两种边界定义：

（1）欧洲边界（红色），是与欧洲框架中的相邻 TSO G、E、H 的边界。

（2）其他的内部边界（绿色）。

在图 6−22 中，大型直连用户和生产商与 TSO 电网能量交换的建模保留在高压网或本地框架内。但是，也可以根据需要，为直连的电能创建附加框架。例如，如果 TSO 希望在某些时候与直连参与者建立自动的模型交换，那么建立边界和框架来管理这种交换会有所帮助。

目前的欧洲标准几乎可以肯定会有变化。一个完善的基础架构，如 EPRI 网络模型管理项目提出的架构，将以较低的成本来适应不断变化的需求。

三、CIM 在变电站配置中的应用

1. 问题分析

ESB Networks 是爱尔兰共和国配电系统的特许运营商，服务于 230 万客户，负责建设、运营和维护所有的中低压电力网络基础设施。

对于网络中的不可观测部分，ESB 期望通过移动设备的电气化、供热的电气化、微型发电、储能、产销合一以及"使一切电气化"，使其具备需求响应和灵活性调节能力。但是他们也意识到在实现这些新能力的同时，需要考虑频率、能量、电力和电压等基础问题。

ESB 认识到需要将传感器数据转化成知识信息，并将这些信息分享给所有参与者以防止阻塞，控制电压和频率，获取服务，同时避免在基础设置中的传统投资。ESB 还面临一个典型的问题，就是很多数据源属于不同的拥有者，如图 6-23 所示。

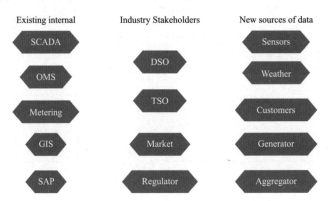

图 6-23　数据源、相关网络和数据类别

2. CIM 解决方案

ESB 建立了一个系统级的能源和电压优化平台（SERVO）。这个平台基于 CIM 获取所有配电资产并建立单一数据模型。该平台可用于以下几种情况：

（1）资产管理——负荷可视化和资产报告。

（2）运行——增加低压网络可观测性。

（3）容量优化——实现配电系统公司的参与和投资补偿。

（4）系统服务——电压和频率控制。

ESB Networks 与 ERPI CIM 专家合作，保证其对 CIM 基础模型的理解可以准确地代表应用于 SERVO 平台的数据模型。

基于 CIM 数据模型的新 SERVO 平台具有一个自动提供数据的网页系统（见图 6－24）。这个项目还有一些需要改进的地方：

（1）需要展示此业务的优势。

（2）通过简介和展示让参与方了解此业务。

（3）提醒参与方这不是替换现有系统，而是用新的技术和软件加强现有系统。

（4）需要提供实现案例。

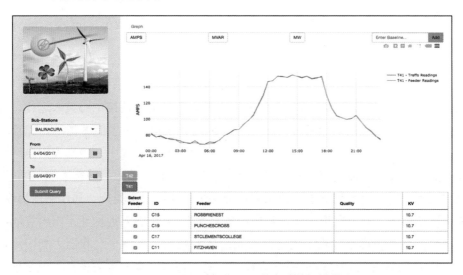

图 6－24　SERVO 基于 Web 的自动数据提供应用

第四节　中国智能电网调度支持系统应用案例分析

中国电力行业经过长期电力市场化改革征程，形成了发电侧竞争、输电网管制、配用电逐步放开的运营体制。电网运行坚持"统一调度，分级管理"的调度管理模式，构建了全国、区域、省（直辖市）、市、县五级电力调度机构。技术支持系统按照"逻辑统一、物理分布"的建设原则，构建国家、区域、省（直辖市）、地区市四级调度控制技术支持体系（县级以远程终端形式共享地区市级系统）。在调度控制系统技术框架方面，调控中心内部业务的横向支撑上，通过统一的基础平台实现各类应用的一体化运行以及与管理信息系统的交互；调控中心上下级业务纵向联系上，通过基础平台实现各级调控系统间的一体化运行和模型、数据、画面的源端维护与系统共享。

电网调度控制系统的基础平台具备模型和基础信息管理功能，提供电网各类模型的创建、拼接、同步和维护功能，实现模型和基础信息的"源端维护、全局共享"；支持"图-模-库"一体化的建模和维护，支持实时态和未来态电网的统一建模；支持培训态、未来态、测试态等多态模型管理功能；具备模型信息的分布存储和统一管理功能，公共模型与应用模型应分别存储，各应用共有模型属性存储于公共模型中，各应用私有的模型属性存储于应用模型中；提供模型信息的校验和抽取功能；具备模型的交换、比较、导入、拆分/合并、导出、备份和恢复功能；支持 CIM/E 格式模型的导入导出；支持多场景、多版本、多业务的模型管理。

一、电网公共模型和业务专有模型

国家电网公司统一组织研发成功的智能电网调度控制系统（D5000 系统），已于 2010 年在公司全部省级以上调控中心及大部分地市调控中心投入运行，成为保障特高压大电网安全稳定经济运行、促进大规模可再生能源消纳、支撑大运行体系发展的必备技术手段。在 D5000 系统的研制过程中，根据我国电网运行的实际情况，在借鉴或改进 IEC TC57 相关标准的基础上，编制了 38 项智能电网调度控制系统系列标准。该系列标准基于"通用安全架构、通用通信协议、通用模型描述、通用图形描述、通用服务界面"，完整深入地构建了国内智能电网调度控制系统标准体系，内容涵盖系统体系架构、支撑平台和四大类应用功能。基于 CIM 标准，D5000 系统设计了一套支撑电网全业务的模型管理系统，电网模型从架构上分为电网公共模型和业务专有模型，公共模型和专有模型建设统一的关联关系，形成图 6-25 所示的电力系统模型架构。电网公共模型是鱼骨架，其他应用专有模型是鱼刺，通过对象引用依附于公共模型。

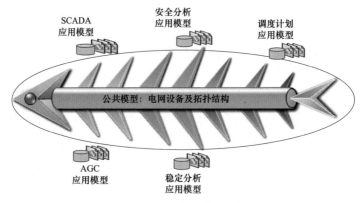

图 6-25　电力系统模型架构

电网公共信息模型（简称电网公共模型）是各调控业务所需要的电网模型的公共部分，一组电网公共模型数据可以用一个 CIM/XML 文件或 CIM/E 文件表述。该模型既包含电网设备模型（电气设备类及其基本参数属性），也包含拓扑结构模型（设备进一步抽象为节点、支路和电气岛）。电网公共模型数据是按照电网公共模型的规则描述一个具体电网的数据集合。主要内容有：电网静态元件参数、各元件连接关系、发电机节点有功注入和电压幅值、负荷节点的有功及无功注入，据此可以确定一个电网的潮流解。业务专有模型数据是开展一个特定的调控业务（一个过程）所需要的一组模型数据。业务专有模型数据是电网公共模型数据加上业务特有模型数据的数据集合。

应用专有模型是电网调控业务应用的基础，每个业务对应一个业务模型，如 SCADA 模型、PAS 模型、AGC 模型、AVC 模型、安全稳定分析模型、继电保护整定模型和调度计划模型等。

从各业务模型提取公共的、最核心的部分形成电网公共模型，电网公共模型由电网设备模型和拓扑结构模型组成。在电网公共模型数据之外，某几个相近的业务还可能存在部分相同的业务数据，电网公共模型数据叠加这部分数据可以形成局部的业务共享模型数据。电网公共模型数据全局共享，业务共享模型数据局部共享。

调度控制系统以电网设备及拓扑结构模型为公共骨架，各业务模型为分支，形成协调共享机制，支撑电网在线和离线调控业务应用。

二、调控全业务多时态统一建模

随着电网规模的不断扩大，电网协调控制对各级调控机构和各专业在业务协同和数据共享方面提出了更高的需求，智能电网调度控制系统在完善在线应用的基础上，需要进一步融合系统运行专业的离线方式计算和继电保护专业的整定计算等离线类应用，进—步完善模型数据"源端维护、全网共享"机制，提升调控业务协同运作能力。为此，制定了基于时间维度的调控全业务统一建模方案，包括时间维度的调控全业务模型、图形统一维护和管理、时间断面的业务模型抽取、模型/图形/通信数据索引表等信息的协同验证、基于基建任务的模型在线同步等关键技术的解决方案。该方案解决了智能电网调度控制系统在实际运行中的不足，实现了多时态、多应用模型图形的统一维护和管理，为调控中心内部各专业系统一体化协同提供了统一的模型支撑。

时间维度的调控全业务统一建模的主要功能包括时间维度的调控全业务模型/图形统一维护和管理、时间断面的业务模型抽取、模型/图形/通信索引表的协同验证、基于基建任务的模型在线同步、离线业务模型的发布及多维度模型信息版本管理等功能。

建立时间标签的电网公共模型和业务模型一体的数据结构体系，在此基础上利用时间维度的调控全业务模型/图形统一维护工具，形成不同时间断面的全业务模型和图形（各业务的历史、实时和未来模型）。所有的模型统一存储在模型数据库中。各业务系统根据需要从模型数据库中抽取任一时间断面的电网模型。时间断面的业务模型抽取除了根据时间标签和业务标签进行抽取外，还可以同时定制个性化的业务模型信息，如抽取的模型中不包含隔离开关和接地开关等。对于在线系统的业务模型，时间断面的模型和通信索引表抽取后，装载到实时数据库，进行模型/图形/通信索引表的协同验证，验证通过后，根据基建任务的具体要求，形成同步任务包，同步到在线运行系统。对于离线系统，时间断面模型抽取并通过验证后，以 CIM/XML 或 CIM/E 等各式文件方式发布给各业务系统。多维度模型信息版本管理在模型发布或同步后，自动以标准的模型文件（CIM/XML 或 CIM/E）和图形文件（SVG 或 CIM/G）文件的方式按时间标签和业务标签生成模型版本信息。统一建模流程如图 6-26 所示。

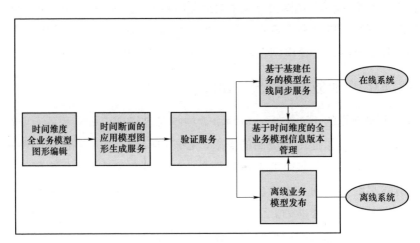

图 6-26　时间维度的调控全业务统一建模系统

时间维度的调控全业务模型/图形编辑工具完成模型/图形等信息的基本维护工作，形成时间维度的调控全业务模型数据库，各应用根据需要抽取电网模型并且生成对应的图形和通信索引表。不同应用对模型的具体需求不同，对模型验证的方式也不同，如数据采集与监控（SCADA）系统，需要验证模型/图形/通信索引表的协同验证；对于状态估计等应用，还要验证模型的拓扑、参数等；对于保护定制的整定计算，除了上述的验证外，还要验证二次设备模型的完整性等信息。为了模型验证的需要，建模系统需要部署数据采集服务、SCADA及状态估计等应用。模型/图形的在线同步是基于同步任务，模型/图形发布的模型是基于标准的模型和图形导出文件。

（1）时间维度的调控全业务模型维护。从调控中心各业务的电网模型中抽取出公共信息模型，建立电网公共模型与业务模型的关联关系，如图6-27所示，在业务模型的所有类中可以通过包含主设备对象标识建立与公共模型的关联关系。这种关联主要用于实现多应用模型的统一维护和管理。扩展公共模型中的设备属性，即每个设备类扩展 4 个属性，计划投运时间、计划退运时间、实际投运时间和实际退运时间，配合基于模型文件的模型版本管理，实现多时态模型的统一维护和管理，从而形成了时间维度的调控全业务统一模型基础架构。

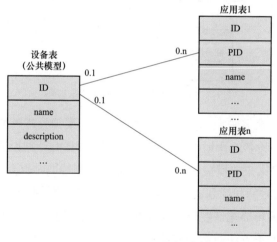

图6-27　业务模型和公共模型的关联关系

图6-28 是模型/图形统一维护示意图，在电网模型架构中描述了电网公共模型、业务模型及它们的关联关系，业务模型维护配置信息中明确了公共模型中的每一类设备需要同时生成的业务模型信息，因此，在维护公共模型的时候，利用业务模型维护配置信息自动生成业务模型的基本信息。业务模型配置信息主要包括应用名、与公共模型设备对应的业务模型中的类名、命名规则、关联关系及其他需要自动生成的属性及属性值生成规则等。监控业务的模型信息主要由传统的SCADA 模型、保护装置模型及其保护信号组成。在进行公共模型维护的时候，根据配置信息只生成对应的保护装置，如创建一条母线（BusbarSection）时，根据配置信息会生成 2 条母差保护装置信息。在厂站具备调试条件后，保护装置以

下的模型信息（包括保护信号）从变电站侧通过召唤的方式收集过来，利用名字匹配等技术手段完成保护信息建模，从而形成完整的监控业务模型。对于业务的私有模型和公共模型没有关联的部分，无法通过配置文件生成。

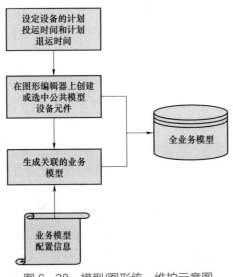

图 6-28　模型/图形统一维护示意图

模型的拓扑、命名维护——图模一体化维护：维护公共模型时，必须依据规划或基建任务维护设备的计划投运时间和计划退运时间。计划投运时间和计划退运时间主要用于管理未来态模型，在未来时间断面模型抽取时也会使用。当设备真正投运后，计划投运时间和计划退运时间自动失效，设备的实际投运时间和退运时间开始生效。图形编辑器是调度自动化系统常用的电网模型/图形一体化维护工具，上述电网模型的维护方法通常是在图形编辑器上进行。模型的拓扑关系依靠图形编辑器自动生成。图形编辑器虽然解决了时间维度调控全业务模型的统一维护的问题，但图形编辑器只负责基本的建模（模型的拓扑、设备命名等），因此，对于公共模型和业务模型的参数维护问题，还需要建立一个单独的参数维护流程。

模型的参数维护——CIM 模型维护：模型的 4 个时间属性解决了涉及电网设备投运或退运的模型变化管理，而对于不涉及电网设备投退运的模型变化管理（如设备属性修改、拓扑的变化等），则需要通过 CIM 模型版本管理的方式解决。设备属性的修改分为已投运设备属性的修改和未投运设备属性的修改。

建模系统基于实时模型定期生成一个模型版本，包括 CIM 全模型文件以及模型修改信息，其中，模型修改信息是通过当前的模型文件和上一个版本的模型文件进行差异比较而自动生成。当设备的属性被修改时，模型版本的差异比较能够发现其改变，从而记录属性修改前后的信息。当模型没有投退运设备、只是拓扑连接关系发生了变化时，模型版本的差异比较通过设备的拓扑连接点号的变化判断其拓扑连接是否发生了改变，从而记录设备的拓扑连接的变化。模型的修改信息以记录形式存放在表中，如果模型的修改信息为 0，当天的版本则不保存。保存的全模型文件用于历史断面模型的管理，模型修改信息则是为将来查询模型的历史变化提供方便。

对于未投运设备的修改，由于设备本身存在计划投运时间和计划退运时间，而设备的一些信息确实还存在变数（在调试当中），因此对设备属性或拓扑的修改不做专门的管理。

系统提供基于 CIM 文件的模型编辑工具。如果某些应用（如 DTS、检修计划等）为了测试、验证或其他目的，需要对设备的属性、拓扑或运行方式等做人为的修改，则按照如下方式进行：① 基于某个时间断面从模型库中抽取一个时间断面模型；② 利用模型编辑工具对模型进行修改；③ 修改后的模型形成自己的版本，系统提供应用模型版本管理工具。通过 4 个时间标签和 CIM 模型版本管理和编辑工具，能够实现多时态模型统一管理。

计划投运时间和计划退运时间只对为公共模型的设备，其他业务模型的计划投运时间和计划退运时间依赖于与其关联的公用模型。图 6-29 为时间断面模型示意图。

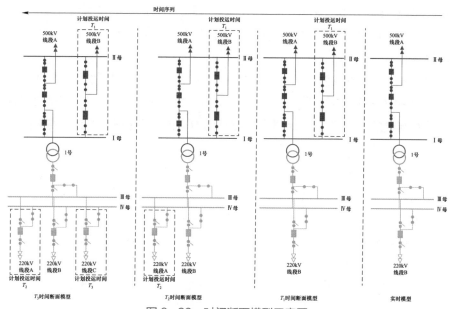

图 6-29 时间断面模型示意图

假设 $T_1<T_2<T_3$，T_1 大于当前时间 T_c，设备的计划退运时间都远大于 T_3，任意选择一个时间 T_i。当 $T_c<T_i<T_1$ 时，对应的是图 6–29 中最右侧的实时模型；当 $T_1<T_i<T_2$ 时，对应的是图 6–29 中时间 T_1 的断面模型；当 $T_2\leqslant T_i<T_3$ 时，对应的是图 6–29 中时间 T_2 的断面模型；当 $T_3<T_i$ 时，对应的是图 6–29 中时间 T_3 的断面模型。

（2）时间断面的业务模型抽取。时间断面的业务模型是在某一指定时间（包括历史时间和未来时间）内实时模型和计划投运模型的集合。假设 T_s 为指定的某一时间，设备的计划投运时间用 T_i 表示，设备的计划退运时间用 T_e 表示，设备的实际投运时间用 T_i' 表示，实际退运时间用 T_e' 表示，则 T_s 时刻的断面模型抽取步骤如下。

步骤 1：判断 T_s 与当前时间的大小。

步骤 2：如果 T_s 大于当前时间（未来模型），则时间断面的业务模型等于业务的实时模型（$T_s<T_i$）加上业务的未来模型（$T_i<T_s\leqslant T_e$），即业务的实时模型加上计划投运时间和计划退运时间满足条件 $T_e<T_s\leqslant T_i$ 的未来模型。从模型数据库中，根据时间标签和业务标签抽取出实时模型和符合条件的未来模型。

步骤 3：如果 T_s 等于当前时间（实时模型），则时间断面的业务模型加上业务的实时模型（$T_s<T_e'$），根据业务标签从模型数据库中抽取出实时模型。

步骤 4：如果 T_s 小于当前时间，则根据时间搜索对应的 CIM 模型文件，如果没有与该时间匹配的模型文件，则往后面匹配时间最近的模型文件。

步骤 5：在步骤 4 的基础上，根据业务模型的配置信息，进一步生成个性化的模型。

步骤 6：获取对应的图形文件（如：CIM/G 文件），根据模型抽取规则，过滤出图形中的设备及其关联的图元，自动生成拓扑关系，生成时间断面的图形。

时间维度的调控全业务模型维护及时间断面的业务模型/图形生成解决了调控全业务（如综合稳定分析模型、运行方式模型等）模型统一维护和共享问题，避免了各业务的重复建模和参数维护不一致的问题；为建立贯穿电网规划设计、工程建设、新设备调试到投产运行的全过程模型数据维护管理体系奠定了基础，完善了未来到当前、在线与离线协调运作的模型维护机制。

（3）模型协同验证。模型协同验证包括模型验证、模型/图形/通信索引表协同验证及业务模型的特殊验证。模型协同验证包括两部分：从前置到 SCADA 的验证、从厂站端到主站的验证（传动试验）。这里主要研究从前置到 SCADA 的验证。

从待验证的通信索引表中选择量测点，模拟前置通过消息总线发送模拟数据，SCADA 服务接收模拟数据处理后写入实时模型库，图形浏览器通过服务总线从实时数据库中获取模拟数据进行浏览检查。在整个过程中，如果通信索引表、模型和图形中其中有任何一个环节不一致，都会导致数据显示错误。为了便于验证，前置模拟验证除了手工操作验证外，还可以设置一些验证策略，如前置模拟程序发送遥测量的点号，系统自动检查通信索引表中的点号和设备关键字的对应关系，从而验证模型、图形和通信索引表的一致性。

模型的协同验证主要是为确保模型/图形/通信索引表的一致性提供了技术手段，能够避免模型维护时一些人为的错误。

（4）模型在线同步。模型在线同步是基于基建任务的模型/图形/通信索引表等信息的在线同步（简称基于任务的在线同步）。基于任务的在线同步分为两个大的过程：同步任务的创建和维护、任务的同步和回退。

1）同步任务的创建和维护。根据基建任务创建同步任务，选择一个时间断面的模型、图形及通信索引表添加到同步任务，利用图形编辑器和模型维护工具对同步任务中的模型图形等信息进行维护，所有维护的信息自动标记为待同步的内容，也可以选择一个时间断面的模型，选择全部或部分模型标记为待同步。同步任务根据选定的模型，自动匹配出对应的图形和通信索引表等信息，自动添加到同步任务。选择的模型中如果涉及厂站的出线，则对端的厂站部分设备也会自动加入到同步任务。同步任务的内容选取一般是通过图形浏览器选定某一时间的断面图形，在浏览器上选定要同步的模型信息，可以是整个厂站，也可以是站内的某个电压等级，还可以是某个间隔中的设备。

2）任务的同步和回退。根据具体的业务要求，手动选择一个同步任务，同步到在线系统。如果需要回退，则选定已经完成的同步任务，可以回退到上一版本。同步任务完成后，完成同步的设备属性"实际投运状态"修改为当前时间，同步任务的状态修改为已同步。把当前在线系统的模型生成一个版本保存。

同步任务自动记录该任务的描述信息，包括任务创建人、任务创建时间、需要同步的模型信息描述、同步任务的修改信息等。同步任务本身可以浏览和统计，同步任务中的模型图形等信息可以通过同步任务进行浏览、修改和校验。

基于任务的在线同步能够实现模型维护和投运的任务化，为模型的投运、回退、追溯及模型维护的量化统计提供了技术手段。

三、调度结构间的模型数据共享

1. 基于 CIM 的分布式建模

南方电网分布式模型拼接系统于 2008 年正式投运，完成 220kV 及以上电压等级共计 900 余座厂站的接入工作，形成南方电网管辖范围内 220kV 及以上电压等级设备的全网大模型。2019 年 10 月，分布式模型拼接系统升级改造完成，南网总调、七个中调、全部具备条件的地调分别部署了模型拼接软件，系统接入南方电网 7676 座厂站，实现全网 35kV 及以上电压等级的模型、图形和实时数据的在线拼接，形成南方电网管辖范围内 500、220、110、35kV 电压等级的电网大模型，并整合了云化 SCADA、潮流图及厂站图自动生成等功能，实现了全网 35kV 及以上变电站运行的实时监视和信息查询。

（1）基于全网的模型拼接。模型拼接是将两个或多个有关联的 CIM（XML）文件合并成一个 CIM（XML）文件导入到应用系统中，应当通过有效方法校验合并的正确性。

1）边界定义。边界是界定不同区域之间范围的一组设备，在电力系统多区域模型拼接过程中，通常选择变压器和线路作为边界设备。拼接系统中设计了定义多个不同区域相互之间边界的边界设备定义表，定义表对边界设备提供双重描述，分别表达对象在不同区域里的描述。

2）模型切割。模型拼接前最重要的一个环节就是模型切割，切割的目的是将不属于本区域的模型设备排除在外，拼接后的全模型中没有冗余描述。模型切割的方法采用类似于拓扑着色的原理，首先根据区域信息结合边界设备定义表中的内容，提取出所有和本区域有关的边界设备，并将边界设备和区域相对应的标识位置上的物理节点着色；之后进行拓扑着色，忽略开关刀闸状态，并禁止颜色通过边界设备流动，拓扑着色结束后即可完成模型切割。

3）模型对接。在拼接双方的模型切割及边界设备的取用方式确定之后，拼接程序缓冲区中的设备对象已经是拼接后的全模型，设备对象完整，无缺失和冗余。拓扑关系更新的关键是保持原区域内部设备与端子（Terminal）和连接节（ConnectivityNode）之间的从属关系不变，只改变序号，而要使得区域一和区域二的模型对接成功。

（2）自动图形关联。系统实现了基于 SVG、CIM 图形的自动导入与关联。SVG 图形的匹配和发布涉及图形对象（SVG）和 CIM 对象（XML）两份数据文件的处理。SVG 文件带有图形信息，CIM 文件带有模型信息，通过建立在两份数据文件之间的对象映射关系，将图形对象和模型对象关联起来。同时，根据边界设备表中的定义，自动建立联络厂站双图（总调、中调）之间的切换。自动成图科技项目实施后，模型拼接系统的潮流图和厂站图全部由自动成图系统自动生成，包括全网各地区的 110/35kV 的电网潮流图的自动生成。

（3）量测点与模型设备的自动规范化映射。OCS 系统监控的量测数据可分成设备量测和非设备量测两种，各中调与南网总调的 OCS 系统之间通过 TASE2 协议实现量测数据交换。TASE2 网络名自动生成和映射的基本思路是：在中调侧根据 OCS 系统中量测对象和设备对象之间的关系，从设备对象描述中提取反映该量测对象物理意义的信息并转换为 TASE2 对象名标识符所规定的字符串，按一定规则拼接出 TASE2 网络名。在总调侧自动获取中调端生成的 TASE2 网络名和设备对象描述信息，利用拼接后量测对象厂站和设备名称均未改变的特点定位量测对象，从而实现 TASE2 网络名和量测对象的自动映射。

通过模型拼接技术，南网总调不仅能够实时监控整个南方电网设备的变化情况，提高驾驭大电网的能力，而且可以将全模型提供给第三方系统使用，提高应用系统内部网络模型和实际电网的拟合程度，增加分析计算的准确性和完整性。从 2008 年至今，南网总调模型拼接系统已向总调 OCS 系统、各中调 OCS 系统、预决策系统、云化 SCADA 验证系统等连续输出全网大模型、图形和数据。结果表明，分布式建模成果稳定可靠，拼接结果准确，为南方电网的全景分析和安全稳定运行提供了坚实的技术基础，提高了电网的安全运行水平。

2. 国网模型数据共享建设方案

模型数据的共享包括两个方面：一是实现调控中心内部各业务模型数据的深度融合和共享；二是实现各级调控中心之间的模型数据实时共享。本方案利用两级模型中心实现上述模型数据的共享。

国家电网模型中心由国分和省级两级构成，国分模型中心实现国调和分中心模型的统一维护和共享，省级模型中心实现省地县模型的统一维护和共享。两级模型中心之间通过模型订阅服务实现模型的共享，最终实现调控中心内部各业务之间及各级调控中心之间的模型数据共享（见图 6-30）。

以国分模型中心为例，国调与分中心按照调管范围通过本地模型服务进行 220kV 以上电网模型的维护与共享，包括电网静态元件参数、电网动态元件参数、元件拓扑关系、图形、保护动作逻辑及定值、安自动作策略及定值等，220kV 电网模型由各省级模型中心通过电网模型订阅发布机制与国分模型中心共享，最终在国分模型中心形成完整的 220kV 以上的电网模型。

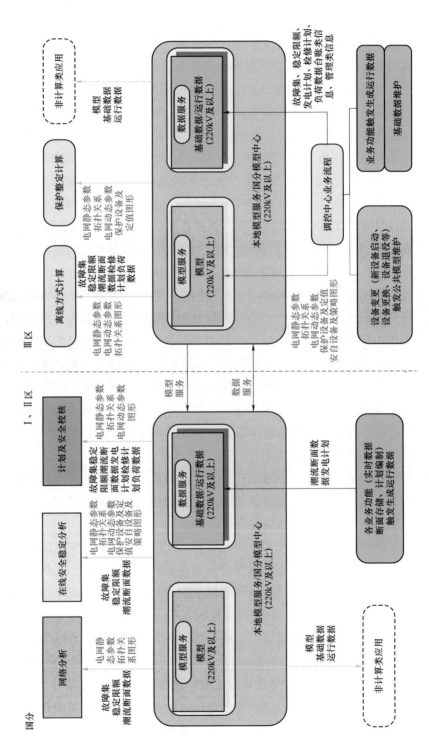

图 6-30 模型数据共享方案架构

运行数据中，潮流断面和计划编制源端位于Ⅰ/Ⅱ区，由业务流程生成数据后，通过数据服务与Ⅲ区共享；其他运行数据来源于Ⅲ区应用功能，通过中心业务流程生成到模型中心。基础数据通过各自维护流程与机制，生成到模型数据中心提供统一机制进行横向和纵向共享。

模型中心内部的功能模块主要包括：模型维护、模型验证、模型版本管理、模型订阅发布和安全管理。其功能逻辑如图 6-31 所示。

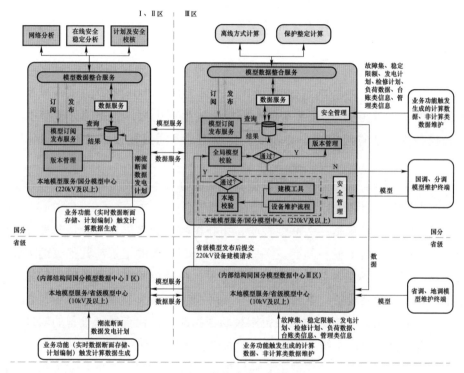

图 6-31　模型中心功能逻辑图

以国分模型中心为例，国分调模型维护人员在本地模型服务的模型维护终端上，维护通过了参数维护流程审核的电网模型。

电网模型首先在本地模型服务进行本地校验，通过本地校验后在模型中心进行全局模型校验，若未通过校验，则返回模型维护终端重新进行修改。模型中心的全局校验通过后将形成新的模型发布版本，存入模型库中，并通过模型订阅发布服务在调度机构内部和调度机构之间进行模型共享。

Ⅲ区模型中心的模型变化将通过模型服务与Ⅰ区进行共享，并确保Ⅰ、Ⅲ区模型的一致性。模型中心在Ⅰ区提供模型订阅发布服务和模型版本管理，供Ⅰ区应用按需订阅和获取相应版本的电网模型。

省级模型中心的模型维护流程与国分模型中心类似。220kV电网模型在省级模型中心维护验证并发布后，直接提交至国分模型中心进行全局模型校验，实现220kV电网模型的上下级共享。

（1）模型维护。国分模型中心的模型来源有两种：① 国调中心和分中心各业务模型；② 各省级模型中心向国分模型中心共享的220kV电网模型。

国调中心和分中心各业务通过本地模型服务的建模工具在模型中心建模，并输入经过参数维护流程审核的模型参数，模型和参数统一通过模型验证和版本管理后存入模型库。

国分模型中心和省级模型中心之间的模型共享通过模型订阅/发布功能完成。如国分模型中心向省级模型中心订阅220kV电压等级的电网模型，当省级模型中心220kV电压等级的电网模型发生变化时，通知国分模型中心，国分模型中心从省级模型中心获取变化模型后，通过建模服务写入国分模型中心。

（2）模型验证。模型中心的模型验证功能分为本地校验和全局校验。本地校验在本地模型服务进行，全局校验在模型中心完成。

模型验证内容包括：关联性校验、拓扑校验、命名重复校验、典型参数取值范围校验、系统专业校验等。关联校验检查每个表的记录与其他表的关联是否正常，模型设备是否关联必要的量测记录；拓扑校验主要校验模型的拓扑关系是否正确（孤立设备、单端空挂等）；命名重复校验即检查每个表中是否有中文名重复的记录；典型参数取值范围校验根据配置，检查每种设备的属性值是否在配置的范围内；系统专业校验是指对电网元件的动态参数进行校验。

（3）模型订阅发布。模型中心通过模型订阅/发布服务，为各业务系统按需提供电网模型，实现电网模型信息共享。模型中心提供配置工具，各业务系统可以根据需要，订阅需要的电网模型。模型发布服务根据业务的配置信息，从模型中心导出并生成应用需要的定制模型，当定制的模型发生变化时能够自动推送给订阅方。

（4）模型版本管理。模型中心具备模型多版本管理功能，实现对历史、实时和未来模型的统一维护和管理。如图6-32所示，以增量方式对未来规划模型进行管理，支持分阶段将未来规划模型合并至在线系统模型功能，可支持任意时刻的电网模型断面抽取，满足离线方式计算、保护整定计算、DTS反事故演习、历史反演等业务对模型版本维护管理的需求。

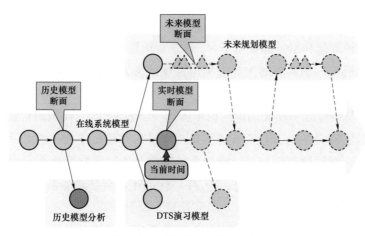

图 6-32　模型版本管理示意图

（5）安全管理。模型中心提供对全网模型的安全管理功能，主要包括：备份管理、权限管理、痕迹管理。

1）备份管理功能，对模型中心的全网模型进行定期备份。支持模型在线备份，模型备份时不影响模型中心各项功能的正常运行；支持手动备份和自动备份，在需要时可随时对模型数据进行手动备份，也可按照设定时间对模型数据进行自动备份。

2）权限管理功能，对模型的维护、验证、订阅、发布等功能进行权限控制，只有具备相应权限的用户才能执行相应的操作。同时对模型维护的权限按照模型调管范围进行划分，用户只能维护所属调管范围内的模型，避免误改其他调管范围的模型。

3）痕迹管理功能，对用户所做的模型维护、验证、订阅、发布、备份等操作痕迹进行完整记录，实现模型中心各项操作可追溯。

3. 省级电网调度综合数据平台

省一级电力调度控制中心随着信息化建设的不断深入，已建成以能量管理系统（EMS）为中心的一系列应用系统，能够满足支持调度中心业务职能的需求。各应用系统是在不同的时期、为了支持各个业务职能的需要而逐步建设的，由不同的组织和厂商提供，缺乏统一的信息资源规划和信息化标准体系，难以扩展功能和开展更大范围和更高层次的应用。

为此，某省级调度中心从 2008 年初起就开始研究以标准化的信息模型、对象编码规范、组件接口规范为指导建立完全规范化的调度综合数据平台。其目标是以一种基于标准的统一方式整合调度中心范围内各类应用和数据，建成一个能够以统一的标准公共信息模型、接口规范和对象标识为范围内各类应用提供所需的各种数据和服务的数据平台。该平台的建设目标包括：① 纵向互联省、地两级调度机构，横向贯通生产控制与管理信息大区，为调度中心各应用系统提供全景电网模型和数据交换通道。② 建立统一、公共的电网模型。信息统一描述，建立与调度业务匹配的电网模型。③ 实现基于唯一标识的对象定位。基于平台的对象编码规范，对所有需要显式交换的对象设定唯一的对象标识。在平台的模型、编码规范统一后，应用系统交替升级可直接采用平台模型，对象间访问趋向于无需建立标识映射。④ 接口标准化，信息共享无需定义应用系统与应用系统的两两交互专用接口，节省投资、提升效率。

通过建设电网调度综合数据平台为后续新应用系统开发提供充分的数据与接口支持。

电网调度综合数据平台（见图 6-33）分别在安全Ⅱ区和安全Ⅲ区建设。位于安全Ⅱ区的调度综合数据平台称为内平台，位于安全Ⅲ区的平台称为外平台。

位于安全Ⅱ区的综合数据平台融合 EMS（DMS）、WAMS、DTS、调度计划、电能量计量、负荷预报、保护及故障管理等系统的模型、实时及历史数据。

位于安全Ⅲ区的综合数据平台直接融合调度运行管理、电压分析和联络线考核等系统的模型、实时和历史数据。

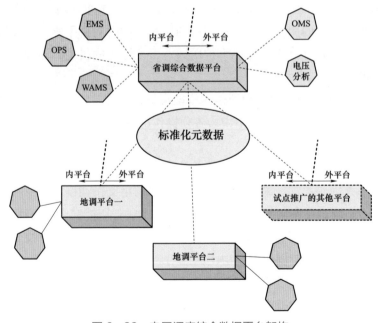

图 6-33　电网调度综合数据平台架构

安全Ⅱ区和Ⅲ区的综合数据平台通过高速数据传输、同步功能，屏蔽隔离装置速度瓶颈，形成互为备份、协同运行的数据平台。省调综合数据平台在Ⅱ区和Ⅲ区分别与地调综合数据平台建立纵向联系，从而可以方便地完成模型的合并、拆分。安全Ⅱ区和安全Ⅲ区的综合数据平台均配置 Web 门户，在提供标准的程序化访问接口的同时提供方便的浏览、管理界面。

位于安全Ⅱ区或安全Ⅲ区的平台从大的构成区域上可以分为：元数据区域、数据区域、接口区域。元数据区域负责管理系统的各类元数据，包括信息模型（及其历史版本）、编码规则等等；数据区域包括电网模型、实时数据、历史数据、图形、对象平台编码与对象源系统编码的对应等。接口区域是平台对外提供读写支持的区域，在该区域中提供了多种标准的接口方式，使平台与外部系统沟通没有障碍。

四、IEC 61970 与 IEC 61850 模型映射

目前 IEC 61850 已成为公认的厂站端新一代的变电站综合自动化系统的国际标准。IEC 61850 定义了变电站配置描述语言（SCL）来描述和交换配置数据。在主站端，IEC 61970 规范了电网内各种对象的命名及其相互关系、访问接口等，使得各种厂家的系统间互操作更容易实现，也被新一代能量管理系统、配网自动化系统、保护信息管理系统等广泛采用。IEC 61970 中的数据模型称为公共信息模型（CIM），文件存在形式为 CIM XML 文件。

传统的调度中心自动化系统采集厂站系统数据时，通常只是采集对象数据值，而对象数据模型因为各个厂家系统和设备的个性化而需要在主站和厂站分别建立。并且，还需要维护、检查主站和厂站之间的数据对应关系（投运前的对点）。系统投入运行后，当主站或厂站模型变化时（厂站扩建、改造），不能即时维护数据模型的一致，而容易导致数据采集和控制的错误，造成电力生产安全问题。基于模型转换，能够在厂站端维护数据模型，将模型导出为 CIM 文件，然后导入主站系统，增量到主站系统模型。过模型的导出、导入，减少了主站新建、维护数据模型的工作量，保证了厂站和主站系统模型的一致性，为厂站和主站系统的互操作提供了数据模型基础。

变电站 SCD 模型生成 CIM 模型需要实现以下模型及功能的映射：① 电力设备容器、非电功能（子功能）模型映射；② 导电设备、通用设备模型映射，拓扑关系映射；③ 智能电子设备映射、一二次设备关联建立；④ 智能电子设备逻辑节点映射；⑤ 智能电子设备量测映射。

（1）电力设备容器、非电功能（子功能）模型映射。SCD 和 CIM 中都具有设备容器，对于变电站、电压等级、间隔两个模型的结构是一致的，可以直接映射。

对于 SCD 模型中的功能（子功能），在 CIM 模型中没有相应的类能够映射，需要采用扩展 CIM 模型的方式，在 CIM 模型的核心包（Core）增加扩展功能（子功能）类，类属性基于 SCL 中相应的类属性定义，来实现完整映射。

（2）导电设备、通用设备模型和拓扑关系映射。采用属性→类的方式，SCD 中的设备（子设备）可以映射到 CIM 中的导电设备，但是映射不是完全的，存在以下差异及解决方案：对于拓扑关系映射，在两个模型中拓扑关系都采用连接节点+端子的方式定义。基于此基础，SCD 模型可通过端点、连接节点可以映射到 CIM 模型。

（3）智能电子设备映射、一二次设备关联建立。智能电子设备只在 SCD 中定义，而在 CIM 中是缺失的，所以需要增加扩展的 IED 类，同时分析 SCD 中的一二次设备间接关联，确定关联关系，然后再转换为 CIM 中的直接关联关系，实现映射。

（4）智能电子设备逻辑节点映射。CIM 扩展 IED 包含逻辑节点，逻辑节点属于 IED，建立两者之间的关联关系，同时，需要在 PowerSystemResource 类增加关联逻辑节点，以实现一次设备与逻辑节点功能的关联，使 SCL 模型中的设备–逻辑节点能够映射到 CIM 模型。

（5）智能电子设备量测映射。SCL 模型中采用智能电子设备/逻辑设备/逻辑节点/数据集/数据分层细化的方式描述，映射到 CIM 中的新建量测，量测增加关联到扩展的逻辑节点。新建量测的方法是遍历逻辑节点/数据集/数据创建遥测、遥信量测，然后遍历逻辑节点/DOI 获取控制（遥调、遥控）点关联到量测。控制点关联到量测的方法是根据控制点的名称在量测中查找，查找的范围限于当前逻辑节点。

南网电网电力调度控制中心在 2019 年组织研发了变电站 SCD 模型生成 CIM 模型工具，通过共享建模技术将站端 SCD 模型转换生成了调度端 CIM 模型，同时生成 SVG 单线图，以及 IEC 60870－5－104 通信映射点表，直接建立变电站和调度主站的无缝通信，全面解决了模型、图形、通信连接三个方面的工程应用问题。

附 录 缩 略 语

UML	Unified Modeling Language	统一建模语言
RDF	Resource Description Framework	资源描述框架
ABIE	Aggregate Business Information Entity	聚合业务信息实体
ACC	Aggregate Core Component	聚合核心构件
ACT	Customer Account Management	客户账户管理
AIP	Asset Investment Planning	资产投资计划
AM	Records & Asset Management	台账和资产管理
AMI	Advanced Metering Infrastructure	高级计量体系
BPR	Business Planning & Reporting	业务计划与报告
CDPSM	Common Distribution Power System Model	公共配电系统模型
CLC	Network Calculations-Real Time	配网实时计算
CON	Construction WMS	建设
CPSM	Common Power System Model	公共电力系统模型
CS	Customer Support	客户支持
CSP	Construction Supervision	基建监理
CSRV	Customer Service	客户服务
CTL	Network Control	配网控制
DGN	Design	设计
DL	Diagram Layout Profile	图形布局子集
DR	Demand Response	需求响应
DY	Dynamics Profile	动态子集
EINV	Substation & Network Inventory	变电站与电网的资产清单
EQ-BD	Boundary Equipment Profile	边界设备子集
EQ-CO	Core Equipment Profile	核心设备子集
EQ-OP	Operation Profile	运行子集
EQ-SC	Short Circuit Profile	短路子集
ERP	Enterprise Resource Planning	企业资源规划
ESP	Energy Service Provider	能源服务供应商

ET	Energy Trading	电能交易
EXT	External to DMS	DMS 外部的业务功能
FIN	Financial	财务
FLT	Fault Management	故障管理
FRD	Field Recording	工地记录与设计
GIM	General inventory management	通用库存管理
GINV	Geographical Inventory	地理接线图
GL	Geographical Location Profile	地理位置子集
HR	Human Resources	人力资源
IMP	Power Import Scheduling. & Optimization	电能输入计划与优化
IOP	Interoperability Test	互操作测试
LAN	Local Area Network	局域网
LDC	Load Control	负荷控制
MAI	Maintenance & Inspection	维护与检查
MAS	Model Authority Set	模型权限集
MC	Maintenance and Construction	维护与建设
MD	Meter Data	表计数据
MDM	Meter Data Management	表计数据管理
MM	Meter Maintenance	表计维护
MOP	Meter Operations	表计操作
MR	Meter Reading & Control	抄表与控制
MS	Metering System	表计系统
NCLC	Network Calculations	配网计算
NE	Network Extension Planning	配网扩展规划
NMON	Network Operations Monitoring	配网运行监视
NO	Network Operation	配网运行
OFA	Operational Feedback Analysis	运行反馈分析
OP	Operational Planning & Optimisation	运行计划与优化
OST	Operation Statistics & Reporting	运行统计与报表
PAN	Premise Area Network	楼宇局域网
PI	Public Information	公共信息
POS	Point Of Sale	销售点

PRJ	Project Definition	项目定义
PRM	Premises	用电场所
RET	Retail	零售
RMR	Meter Reading	抄表
RTU	Remote Terminal Unit	远程终端
SAL	Sales	销售
SC	Supply Chain & Logistics	供应链与后勤
SCHD	Work Scheduling & Dispatching	工作进度安排
SIM	Network Operation Simulation	配网运行仿真
SPM	Stakeholder Planning & Management	利益相关方计划与管理
SSC	Switch Action Scheduling	调度票与操作票
SSH	Steady State Hypothesis Profile	稳态假设子集
SV	State Variables Profile	状态变量子集
TCM	Trouble Call Management	故障投诉管理
TP	Topology Profile	拓扑子集
TP-BD	Boundary Topology Profile	边界拓扑子集
TRN	Dispatcher Training	调度员培训
C/S	Client/Server	客户端/服务器架构
COM	Component Object Model	组件对象模型
CORBA	Common Object Request Broker Architecture	公用对象请求代理程序体系结构
DA	Data Access	数据访问
DAF	Data Access Facility	OMG 定义的数据访问基础设施
DAIS	Data Acquisition from Industrial Systems	工业系统数据采集
DCOM	Distributed Component Object Model	分布式组件对象模型
ESB	Enterprise Service Bus	企业服务总线
GDA	Generic Data Access	通用数据访问
GES	Generic Event and Subscription	通用事件与订阅
HAD	Historical Data Access	历史数据访问
HDAIS	Historical Data Access from Industrial Systems	工业系统历史数据访问

HSDA	High Speed Data Access	高速数据访问
IDL	Interface description language	接口描述语言
JMS	Java Message Service	Java 消息传递服务
JSON	JavaScript Object Notation	JS 对象简注
OMG	Object Management Group	对象管理组织
OPC	OLE for Process Control	用于过程控制的对象链接与嵌入技术
OPC UA	OPC Unified Architecture	OPC 统一架构
REST	Representational State Transfer	表述性状态传递
SDK	Software Development Kit	软件开发工具包
SOAP	Simple Object Access Protocol	简单对象访问协议
TCP	Transmission Control Protocol	传输控制协议
TSDA	Time Series Data Access	时序数据访问
WSDL	Web Services Description Language	Web 服务定义语言
XMPP	Extensible Messaging and Presence Protocol	可扩展消息和状态协议
EPRI	Electric Power Research Institute	美国电科院
TSO	Transmission System Operators	输电系统运营商
ISO	Independent System Operators	独立系统运营商
NMM	Network Model Manager	网络模型管理器
PJM	Pennsylvania NewJersey Maryland	PJM 电力市场
EMS	Energy Management System	能量管理系统
PNM	Physical Network Model	物理网络模型
OSTP	Office of Science and Technology Policy	（美国联邦政府）科技政策办公室
DOE	Department of Energy	能源部
NIST	National Institute of Standards and Technology	国家标准技术局
CEQ	Council on Environmental Quality	环境质量委员会
EUI	Energy Usage Information	能量使用信息
OpenADE	Open Automated Data Exchange	开放自动数据交换
SGIP	Smart Grid Interoperability Panel	智能电网互操作组织
PAP10	Priority Action Plan 10	先导行动计划 10

NAESB	North American Energy Standards Board	北美能源标准化委员会
SDO	Standards Development Organization	标准发展组织
ESPI	Energy Services Provider Interface	能量服务提供者接口
RESTful	Representational State Transfer	表征性状态转移
OpenSG	Open Smart Grid	开放的智能电网
SCE	Southern California Edison	南加州爱迪生电力公司
HAN	Home Area Networking	家庭局域网
PG&E	Pacific Gas and Energy	太平洋燃气电力公司
SDG&E	Santiago Gas and Energy	圣地亚哥煤气电力公司
ADMS	Advanced Data Management System	高级数据管理系统
IRM	Interface Reference Model	接口参考模型
ESM	Enterprise Semantic Model	企业语义模型
EA	Enterprise Architect	企业架构
SOA	Service Oriented Architecture	面向服务及架构
WSDLs	Web service definitions	网站服务定义
IPC	Idaho Power Company	爱达荷州电力公司
ESB	Enterprise Service Bus	企业服务总线
PSEG-LI	Public Service Enterprise Group - Long Island	美国公共服务企业——长岛集团
EXM	Managed Exchange Model	管理交换模型
SEU	Sempra Energy	森普拉能源公司
SIM	Sempra Information Model	森普拉信息模型
DCIM	Distribution Common Information Model	配电公共信息模型
DMS	Distribution Management System	配网管理系统
CDPSM	Common Distribution Power System Model	公共配电系统模型
PNNL	Pacific Northwest National Laboratory	太平洋西北国家实验室
JMS	Java Messaging Service	Java 消息服务
UCTE	Union for the Co-ordination Transmission of Electricity	欧洲电力传输协调联盟
ENTSO-E	European Network of Transmission Operators	欧洲输电系统运营商
DCIM	Distribution Common Information Model	配电公共信息模型
IGM	Individual Grid Model	单独电网模型

CGM	Common Grid Model	公共电网模型
DSO	Distribution System Operators	配电系统运营商
SERVO	System-wide Energy Resource and Voltage Optimization Platform	系统级的能源和电压优化平台
Alstom		阿尔斯通公司
GE		通用电气公司
Siemens		西门子公司
ABB		ABB 公司
PacifiCorp		太平洋电力公司
Alabama Power Company		阿拉巴马电力公司
ESB Networks		爱尔兰国家电力公司
Consumers Energy		消费者能源公司
Areva		阿海珐公司
ZigBee		紫蜂（无线通信技术）
Atom		一种开源的代码编辑器
OAuth		一种授权机制
UCAIug		一种测试中心协议
CYME		一套专业的电力工程软件
CYMDIST		CYME 的互联网产品
ABB FeederAll		ABB 的产品
OpenDSS		美国电科院的配电网仿真工具
CIMSpy		处理 CIM 模型的软件
GUIDS		全局唯一标识符
GridAPPS-D		一个开源应用程序

参 考 文 献

[1] EPRI. Common Information Model Primer，Sixth Edition［R］. EPRI，2020－06.

[2] IEC 61970－301 Energy management system application program interface (EMS-API), Part 301: Common information model(CIM)base,Edition 5［S］. 2013－11.

[3] IEC TS 61970－555 Energy management system applications program interface (EMS-API)-Part 555: CIM based efficient model exchange format（CIM/E）［S］. 2016－9.

[4] IEC TS 61970－556 Energy management system application program interface (EMS-API)-Part 556: CIM based graphic exchange format (CIM/G)［S］. 2016－9.

[5] 辛耀中，米为民，蒋国栋. 基于 CIM/E 的电网调度中心应用模型信息共享方案［J］. 电力系统自动化，2013，37（8）：1－5.

[6] 李伟，辛耀中，沈国辉. 基于 CIM/G 的电网图形维护与共享方案［J］. 电力系统自动化，2015，39（1）：42－47.

[7] 王鑫，邹磊，王朝坤. 知识图谱数据管理研究综述[J]. 软件学报,2019,30(7):2139–2174.

[8] 李洁，丁颖. 语义网关键技术概述［J］. 计算机工程与设计，2007，28（8）：1831－1836.

[9] Mathias Uslar，Michael Specht，Sebsatian Rohjans，et al. The Common Information Model CIM：IEC 61968/61970 and 62325－A Practical Introduction to the CIM［M］. Springer-Verlag Berlin Heidelberg，2012.

[10] IEC 61970－401 Ed.1：Energy management system application program interface (EMS-API)-Part 401：Component interface specification (CIS) framework［S］. IEC.

[11] IEC 61970－501 Energy management system application program interface (EMS-API)，Part 501：Common Information Model Resource Description Framework (CIM RDF) Schema［S］. IEC.

[12] IEC 61970－552：Energy management system application program interface (EMS- API)，Part 552: CIM ML Model Exchange Format［S］. IEC，2011.

[13] OPC Unified Architecture Specification Part 1: Overview and Concepts. Release 1.04. OPC Foundation, 2017－11－22.

[14] Wolfgang Mahnke，Stefan－Helmut Leitner，Matthias Damn（著），马国华（译）. OPC 统一架构［M］. 北京：机械工业出版社，2012.

[15] IEC 62541－1 OPC Unified Architecture－Part 1: Overview and Concepts［S］. Edition 1.0.

IEC，2010－02.

［16］ OPC Unified Architecture Specification Part 14: PubSub ［S］，Release Candidate，1.04.24. OPC Foundation，2017－02.

［17］ IEC 62541－3 OPC Unified Architecture Part 3: Address Space Model ［S］. Edition 1.0. IEC，2010－07.

［18］ IEC 62541－6 OPC Unified Architecture Part 6: Mappings［S］. Edition 1.0. IEC，2011－10.

［19］ IEC 62541－4 OPC Unified Architecture Part 4: Services ［S］. Edition 1.0. IEC，2011－10.

［20］ OPC Unified Architecture Specification Part 11: Historical Access ［S］. Release 1.03. OPC Foundation，2015－11.

［21］ 谢善益，杨强，徐庆平. 公共信息模型的 OPC UA 地址空间映射［J］. 电力系统自动化，2016，40（14）：115－121.

［22］ 曹阳，姚建国，杨胜春，等. 智能电网核心标准 IEC 61970 最新进展［J］. 电力系统自动化，2011，35（17）：1－4.

索　引